Jürgen Isendyck

ÜBER FAHRRÄDER UND FAHRRADTEILE

Ein illustrierter Grundwortschatz

VSF..Akademie

Wie aus Betrachten Verstehen wird
Ein Vorwort

Es gibt eine Form von Sprachlosigkeit, die lässt sich vorzüglich im Kosmos der hunderttausend Kleinteile eines Baumarkts beobachten. Menschen wollen dringend etwas kaufen, können aber nicht sagen, was sie meinen, obwohl sie genau wissen, wie und wozu sie es gebrauchen wollen. Umständlich versuchen sie, ihren Wunsch in Worte zu fassen – nicht selten vergeblich. Wie glücklich sind die dran, die das Teil, für das sie keine fachsprachliche Bezeichnung wissen, wenigstens einem Fachmann oder eine Fachfrau vorzeigen können, weil es auszubauen war oder weil sie es mit dem Smartphone fotografiert haben. Genau das ist das Prinzip des Bilderlexikons: Benenne und erkläre die vielen Spezialfälle dieser Welt, indem du sie exemplarisch zeigst.

Der Humanist Comenius legte um die Mitte des 17. Jahrhunderts als erster eine Weltbeschreibung in Bildern vor, zunächst nur auf Lateinisch und illustriert mit Holzschnitten: seinen „Orbis Sensualium Pictus". Modern umgesetzt würde der Titel dieses ins viele Sprachen übersetzten und zwei Jahrhunderte lang immer wieder aufgelegten Schulbuch-Klassikers etwa „Die Dinge der Welt im Bild" heißen. Der auf „Orbis Pictus" verkürzte Titel wurde zum Synonym der Gattung des bebilderten Lexikons.

Wenn Jürgen Isendyck im Untertitel dieses Buches von einem „Grundwortschatz" der Fahrräder und Fahrradteile spricht, dann ist das nicht nur Bescheidenheit, sondern spiegelt auch die Methode. Sein Werk ist nicht einer dieser unsäglichen Kataloge, die hunderte von Seiten lang „Aktuelle Bikes und Parts" abbilden und deren Macher wähnen, sie lieferten Markttransparenz.

Der Zeichner Isendyck führt uns ins Innere der Komponenten und hinter der individuellen Gestalt, die sich auf dem Markt tummelt, zum Prinzipiellen des Typus. Auch wenn der Kenner im Typischen durchaus Konkretes und Bekanntes entdeckt: Isendycks Fahrräder und Teile stellen nicht einzelne Produkte herausgegriffener Marken dar, sondern die ihnen innewohnende Technik. Dabei hat er nicht nur die Gegenwart im Blick, sondern auch die Geschichte, nicht nur das Modernste, sondern auch die allem zugrundeliegende Physik.

In diesem Buch sind die Bilder nicht illustratives Beiwerk, sie sind die Instruktion selbst: Mit seiner abstrahierenden Gestaltung schafft der Zeichner Übersicht, Struktur in der Vielfalt und Verständnis im Detail. Er lässt unsere Sprachlosigkeit enden – die gibt es nämlich durchaus auch aufs Fahrrad und seine Technik bezogen. Bevor wir mit unseren Freundinnen darüber diskutieren können, ob wohl ein Mixte- oder ein Trapezrahmen größere Seitensteifigkeit habe, müssen wir nicht mehr wortreich beschreiben, sondern können wir einfach (auf Seite 33) vor Augen haben, was die beiden unterscheidet. Und bevor wir behaupten, ein flüchtig betrachtetes Rad habe Trommelbremsen, lassen uns die Bilder um Seite 122 diese von Rollenbremsen unterscheiden: nicht nur der Erscheinung nach, sondern bis zum Begreifen ihrer Wirkungsweise.

Quid hoc est, sapere? (Was hat es auf sich mit dem Wissen?) So fragt in der Einleitung zum „Orbis Sensualium Pictus" des Comenius der Schüler den Lehrer. Hier, im Fall von Jürgen Isendycks „Fahrräder und Fahrradteile" lautet die Antwort: Betrachten lässt verstehen.

Hans-Heinrich Pardey, Redakteur der F.A.Z. im Ressort Technik und Motor

Fahrradgeschichte

Überblick

Die Geschichte des Fahrrades beginnt mit der Erfindung des Zweirades vor bald 200 Jahren und geht immer weiter. Das Fahrrad ist das effizienteste Fortbewegungsmittel überhaupt.

1817 konstruierte Karl Drais das erste Zweirad, die Laufmaschine oder Draisine.

1839 entdeckte der Chemiker Charles Goodyear die Vulkanisierung des Kautschuks und ermöglichte damit den Gummireifen.

1845 erfand der Ingenieur Robert William Thomson den Luftreifen für Kutschen, der allerdings zu dieser Zeit noch keine Anwendung fand.

1866 bauten wohl Pierre und Ernest Michaux das erste Veloziped mit Tretkurbeln am Vorderrad. Es bestand vollständig aus Gusseisen.

1867 konstruierte Eugène Meyer die ersten auf Zug gespannten Radialspeichenräder und damit ab 1869 Hochräder.

1874 erfand James Starley ein Hochrad mit gekreuzten Tangentialspeichenrädern.

1887 entwickelten John Kemp Starley und William Sutton das Niederrad mit fester Übersetzung und über Kette angetriebenem Hinterrad.

1888 erfand John Boyd Dunlop zum zweiten Mal die Luftbereifung.

1890 baute Thomas Humber den heute noch gebräuchlichen Trapezrahmen.

1893 konstruierte Ernst Sachs eine kugelgelagerte Fahrradnabe. Später dann mit Freilauf und Rücktrittbremse.

1902 baute die Firma Wanderer die erste deutsche Zweigangschaltung.

1905 leuchteten die ersten Karbidlaternen.

1907 gab es die erste deutsche Zweigang-Nabenschaltung mit Rücktrittbremse von Fichtel&Sachs.

1932 wurde erstmals eine Kettenschaltung, die Vittoria Margherita, zu Rennen zugelassen.

Von Anfang an in der Fahrradgeschichte kam es aus nationalistischen, wirtschaftlichen oder schlicht eitlen Gründen zu Fälschungen. Staaten, Unternehmen oder Privatpersonen proklamierten Erfindungen für sich.

Das sogenannte Leonardo-Fahrrad kritzelte ein Spaßvogel zwischen 1965 und 1970 in ein restauriertes Skizzenbuch. Es gab Nachbauten, die aber wegen der fehlenden Lenkung nicht zu balancieren sind.

1817

Die Laufmaschine des Forstlehrers Karl Drais, die Draisine, bestand aus getrocknetem Eschenholz und fuhr auf eisenbereiften Rädern. Dabei wog sie etwa 20 Kilogramm und konnte bis zu 22 km/h schnell werden. Sogar ein Wettrennen gegen ein Pferd mit Reiter wurde gewonnen.

In diesem Jahr fuhr im Saarland eine Grubenlokomotive mit Dampf.

1866

Das Kurbelveloziped von Pierre Michaux wurde auch als Knochenschüttler bezeichnet. Es war das erste Fahrrad mit Pedalen, bestand aus Gusseisen und wog um die 40 kg.

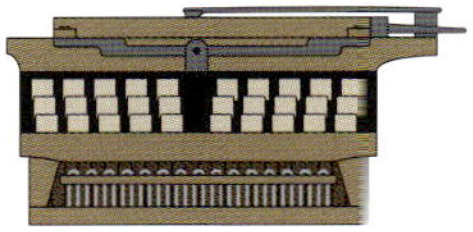

In dieser Zeit wurde die Typenhebel-Schreibmaschine erfunden.

1870

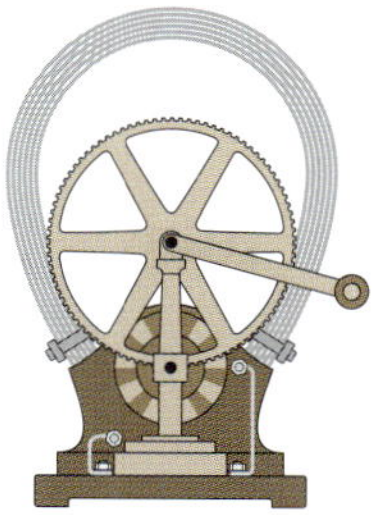

Angelehnt an Meyers Hochrad baute James Starley, das Ariel. Da es noch keine Übersetzungen gab, wurde zum Erreichen höherer Geschwindigkeiten das angetriebene Vorderrad stark vergrößert. Es verfügte bereits über Zugspeichen und Vollgummibereifung. So konnten Geschwindigkeiten von bis zu 40 km/h erreicht werden. Stürze vom Hochrad kamen häufig vor und waren oft tödlich.

In dieser Zeit wurde der Dynamo erfunden.

1885

Um diese gefährlichen Stürze zu vermeiden, wurde das Sicherheitsrad Kangaroo entwickelt. Durch eine auf das Vorderrad wirkende Übersetzung per Ketten konnte der Durchmesser des Rades wesentlich verkleinert werden, ohne dass Abstriche bei der Geschwindigkeit gemacht werden mussten. Für jede Kurbel wurde eine eigene Kette verwendet.

In dieser Zeit wurde das erste Automobil mit Verbrennungsmotor gebaut.

1887

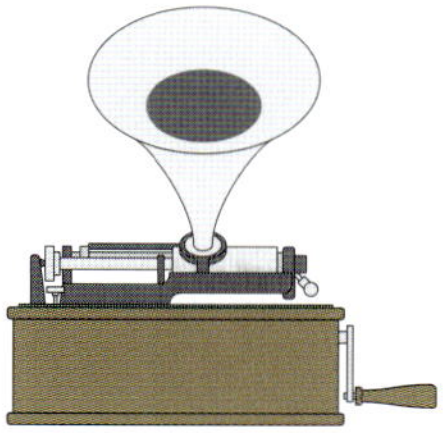

John Kemp Starley, ein Neffe des Hochradkonstrukteurs, baute das erste Niederrad mit über Kette angetriebenem Hinterrad.

In dieser Zeit wurde der Plattenspieler erfunden.

1890

Thomas Humber konstruierte den Trapezrahmen, wie er auch heute noch für die meisten Fahrräder verwendet wird.

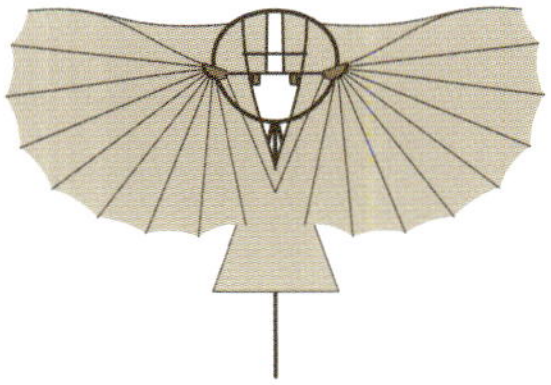

In dieser Zeit fand der erste Gleitflug statt.

1910

Das Pierce Chainless war eines der teuersten Fahrräder, die es Anfang des 20. Jahrhunderts zu kaufen gab.
Es verfügte über einen Kegelwellenantrieb, einen gefederten Hinterbau, einen höhenverstellbaren Lenker und eine Rücktrittbremse. Es besaß Holzfelgen, wie sie zu dieser Zeit noch sehr verbreitet waren und hatte bereits einen anatomisch günstig geformten Sattel.

In dieser Zeit wurde der Reißverschluss erfunden.

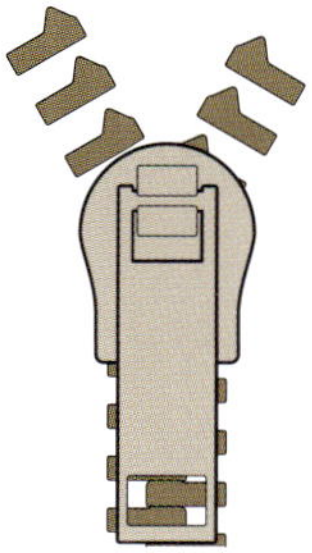

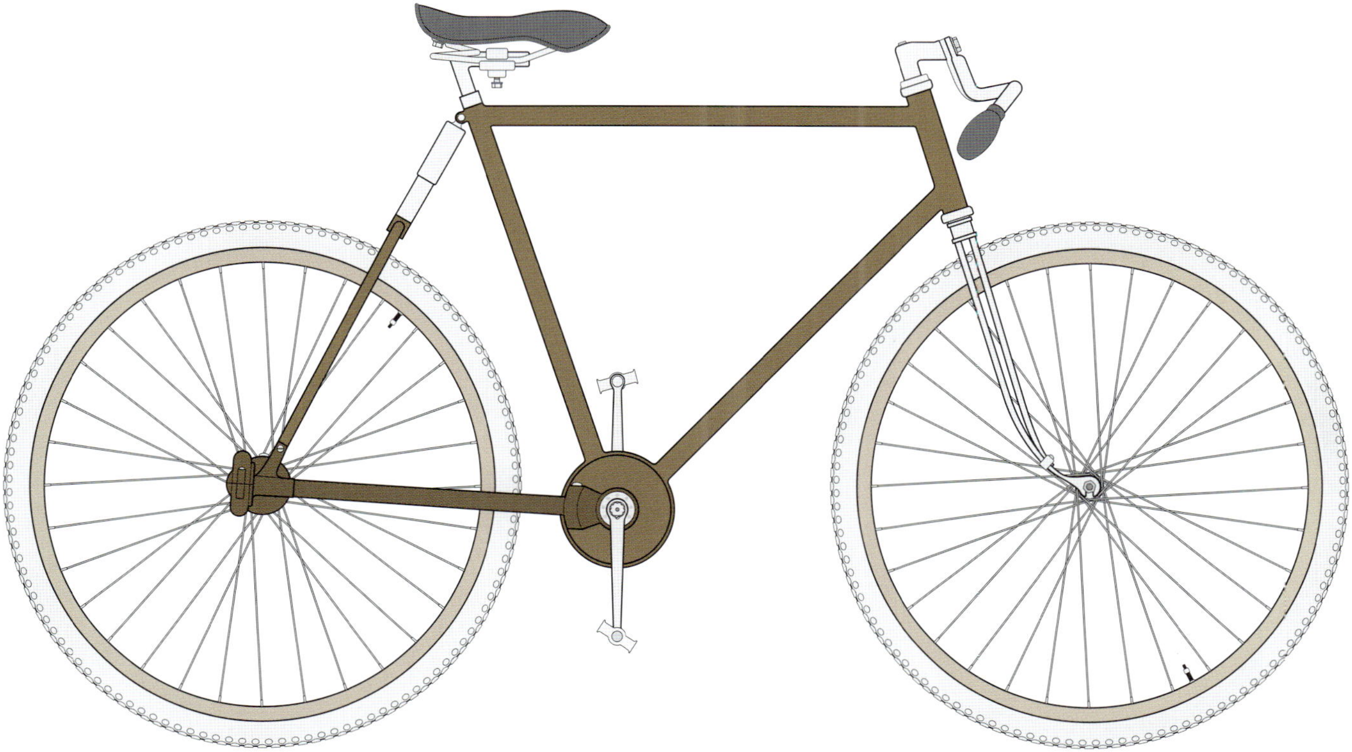

1925

Ein Federungskonzept der 20er Jahre, das Vialle Vélastic. Der Sattel sitzt auf einer Blattfeder, deren Härte durch Herausziehen aus dem Rahmen eingestellt werden konnte. Wodurch sich allerdings auch die Sitzhöhe änderte. Verzögert wurde die Fahrt mit einer Rücktrittbremse.

In dieser Zeit wurde der Schwarzweißfernseher erfunden.

1938

Ein italienischer Klassiker aus den 30er Jahren. Das Bianchi Real besaß eine elektrische Beleuchtungsanlage, die zwar schon 1896 Richard Weber patentierte, aber erst ab dem ersten Viertel des 20. Jahrhunderts Verbreitung fand. Dazu kommen Westwoodfelgen und eine Zuggestängebremse.

In dieser Zeit wurde die heute gebräuchliche Form des Kugelschreibers entwickelt.

1957

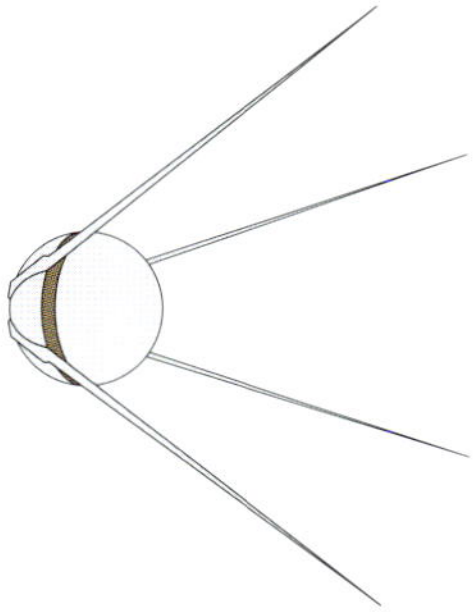

Ein für seine Zeit sehr aufsehenerregendes Fahrrad, das Herkules 2000 HK. Der aus einer neuartigen Aluminiumlegierung hergestellte Kreuzrahmen, dessen Form seine Vorbilder in den Flugzeug- oder Automobilmodellen seiner Zeit hatte, lässt einen optimistischen Glauben an die technische Zukunft erkennen.

In dieser Zeit wurde der Sputnik ins Weltall geschossen.

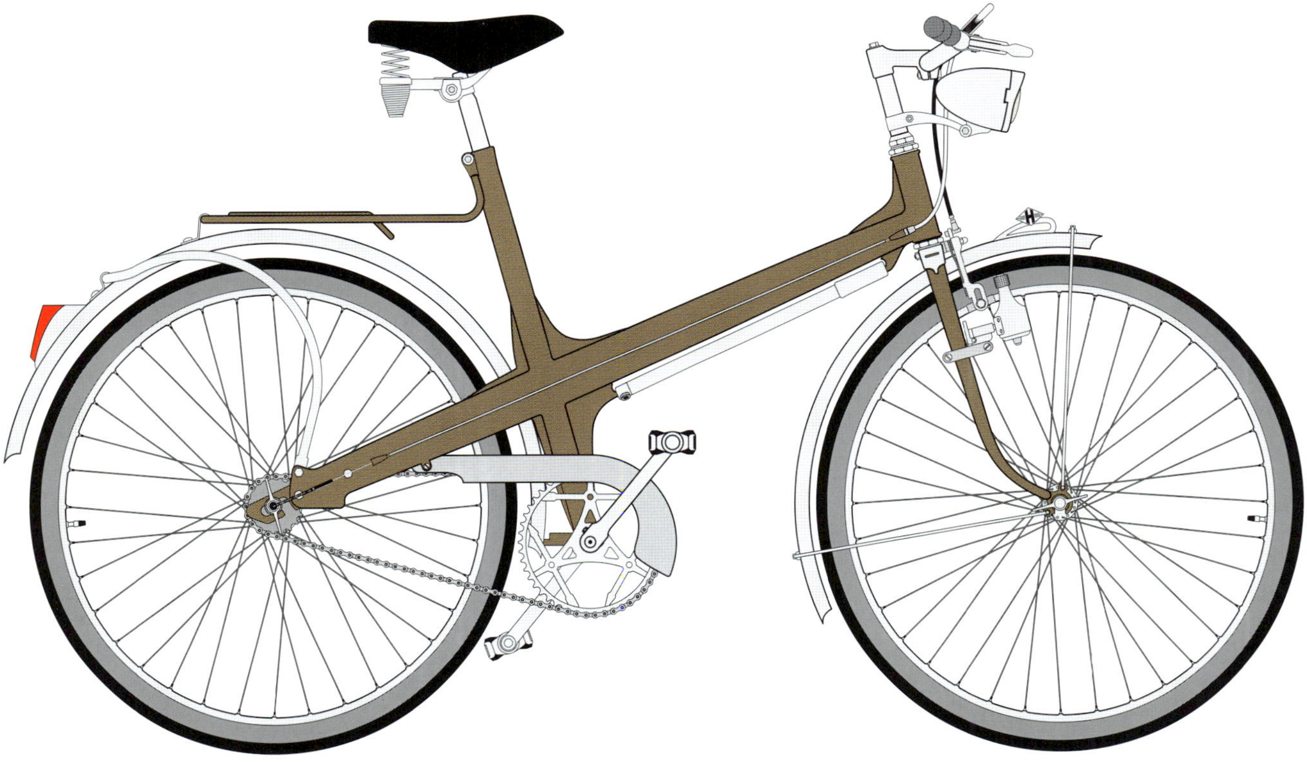

1982

Die Vorgänger der ersten Mountainbikes waren stabile, modifizierte Cruiser, mit denen die Pioniere dieser neuen Sportart in Kalifornien Berge auf unbefestigten Wegen herabfuhren. Nach und nach wurde die Technik dieser Räder so verändert, dass immer höhere Abfahrtsgeschwindigkeiten bei immer schwierigerem Gelände möglich wurden. Dieses Modell von Tom Ritchey war eines der ersten eigenständigen Mountainbikes.

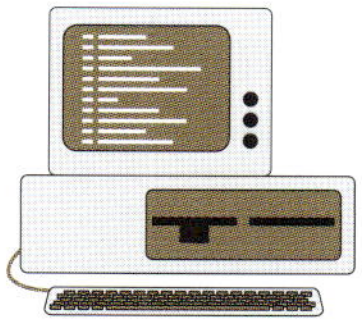

In dieser Zeit gab es die ersten Heimcomputer zu kaufen.

Fahrradphysik, Ergonomie und Verkehrsregeln

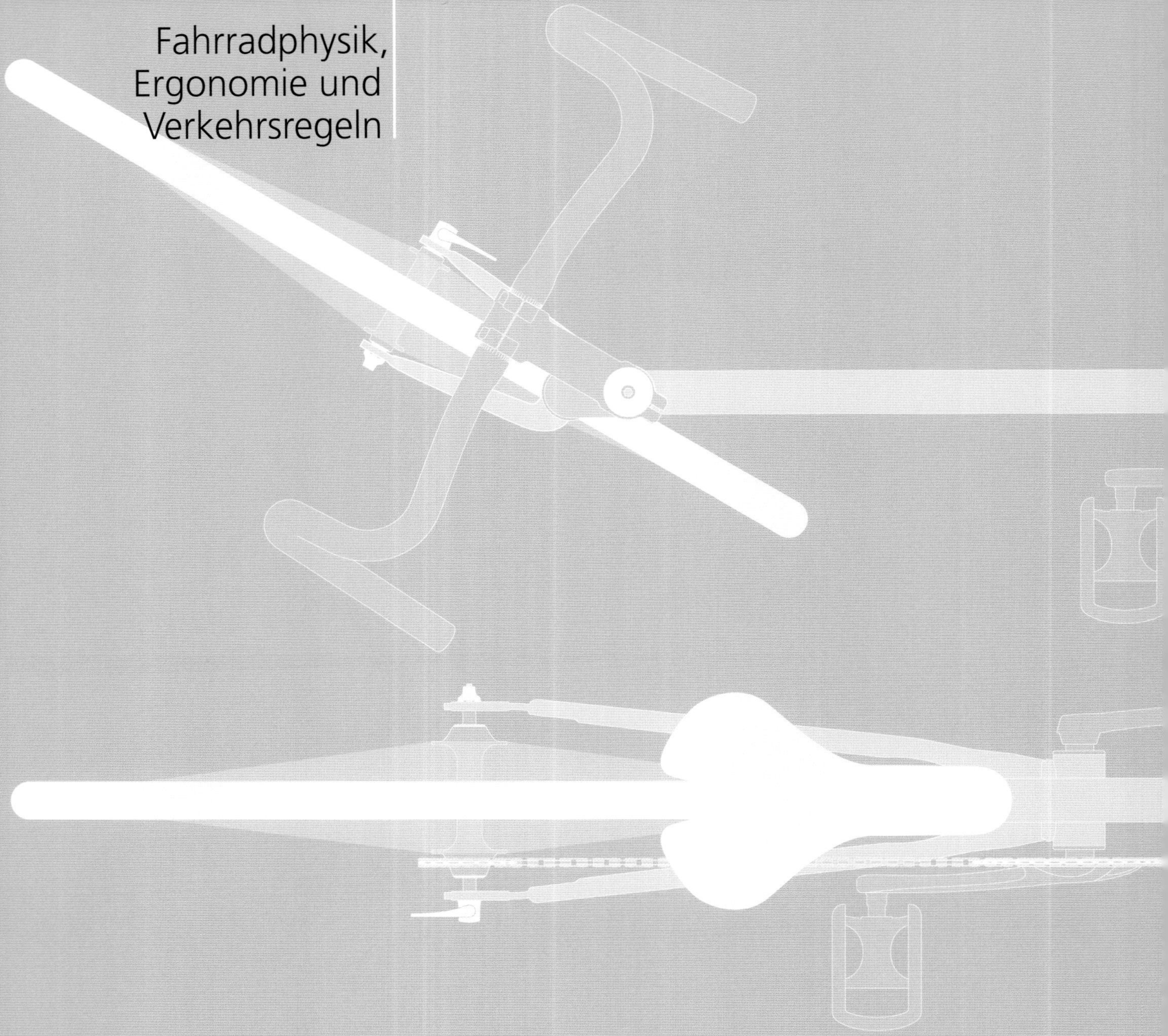

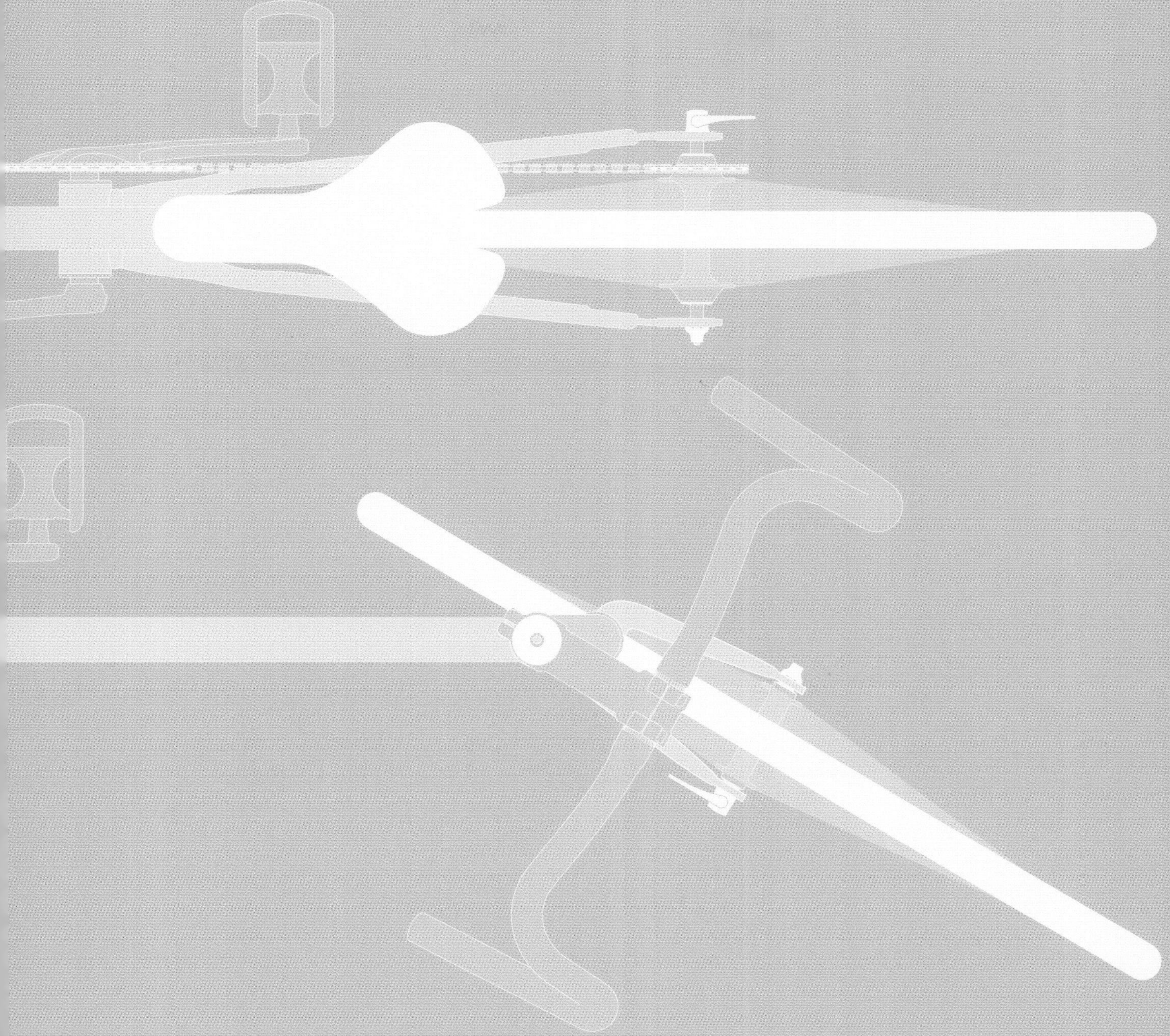

Warum fällt ein Fahrrad nicht um?

Ein Fahrrad berührt den Boden nur an den Aufstandsflächen der Reifen. Während es fast unmöglich ist, ein Fahrrad im Stand im Gleichgewicht zu halten, gelingt das in Fahrt problemlos.

Ein stehendes Fahrrad befindet sich im labilen Gleichgewicht. Auf einem stehenden Fahrrad mit den Füßen auf den Pedalen ist ein Umfallen fast nicht zu vermeiden.

Während der Fahrt ändert sich das, Fahrer und Fahrrad befinden sich in einem dynamischen Gleichgewicht. Der fahrende Radfahrer kann seinen Schwerpunkt nicht permanent über der Aufstandsfläche der Reifen halten. Er neigt sich ständig quer zur Fahrtrichtung hin und her. Kippt er leicht nach rechts, dreht sich das Vorderrad ebenfalls nach rechts und bewirkt einen Lenkausschlag in diese Richtung.

Es wird eine Rechtskurve eingeleitet, die das Umfallen des Fahrrades verhindert. Ein Regelkreis zwischen Kippen und Aufrichten, zwischen Schlenkern nach rechts und nach links entsteht. Eine Geradeausfahrt besteht also aus einer Aufeinanderfolge von winzigen Rechts-Links-Kurven, man fährt unmerklich Schlangenlinien.

Bei langsamem Tempo sind die Lenkausschläge größer und die Schlangenlinienfahrt ist deutlich sichtbar. Bei höherem Tempo beginnt die Kreiselwirkung der Laufräder, die Geradeausfahrt zu stabilisieren. Freihändiges Fahren wird möglich und der Radfahrer lenkt nur durch Gewichtsverlagerung.

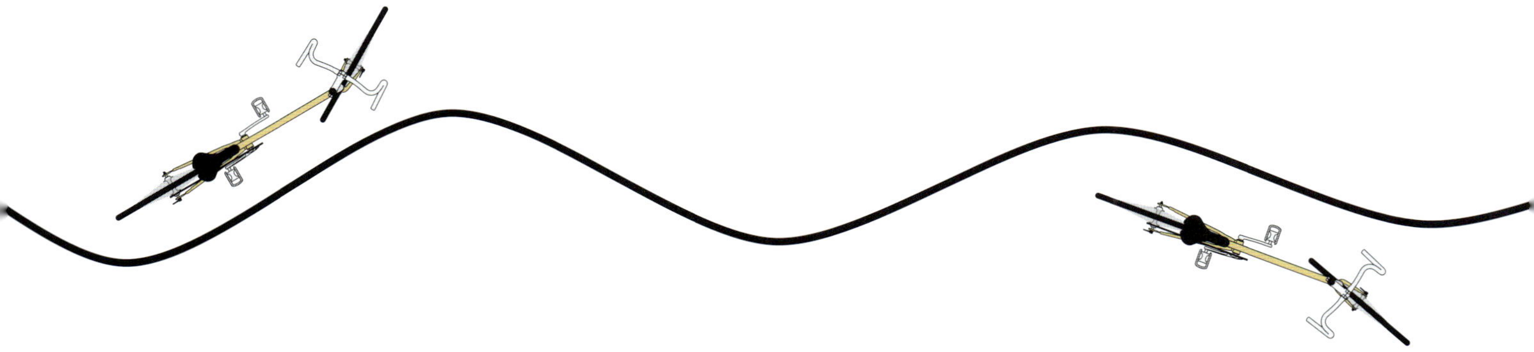

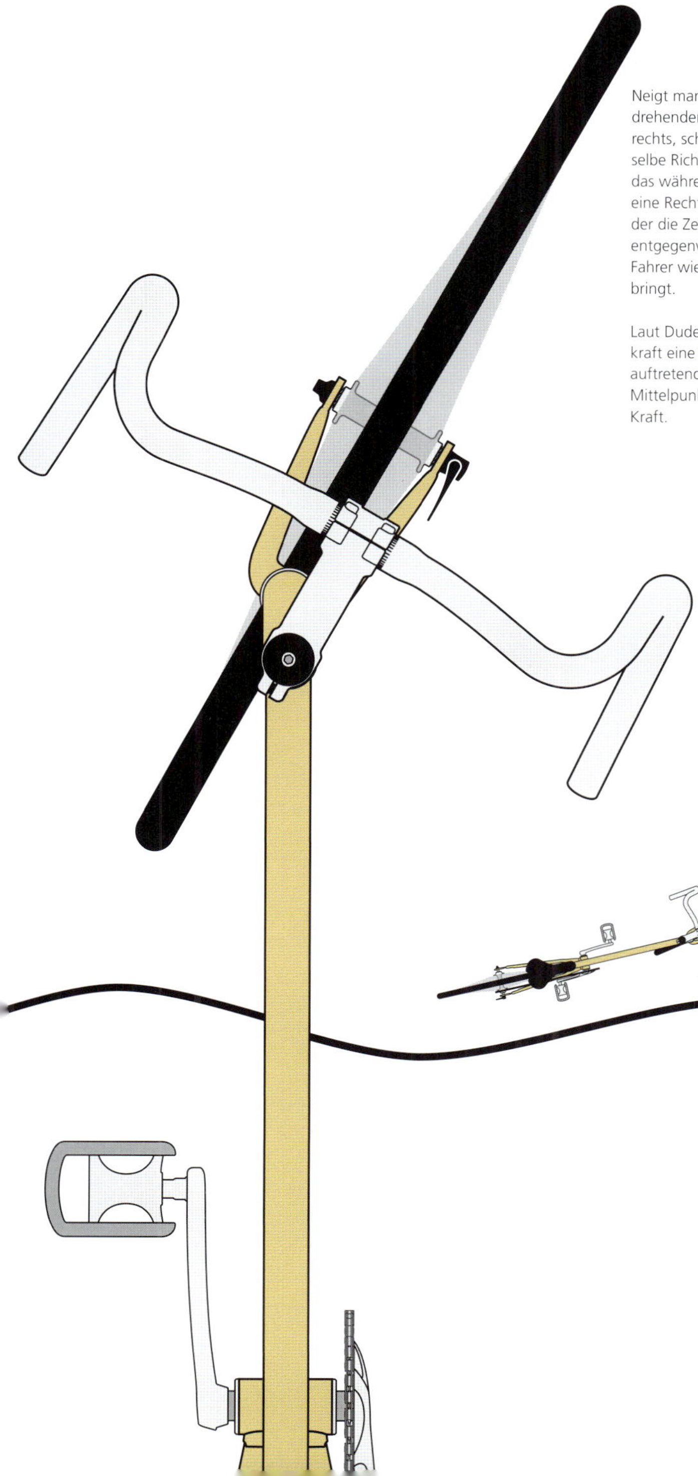

Neigt man ein Fahrrad mit sich drehendem Vorderrad nach rechts, schlägt es von selbst dieselbe Richtung ein. Geschieht das während der Fahrt, wird eine Rechtskurve eingeleitet, der die Zentrifugalkraft sofort entgegenwirkt und Rad mit Fahrer wieder in die Senkrechte bringt.

Laut Duden ist die Zentrifugalkraft eine bei Drehbewegungen auftretende, nach außen (vom Mittelpunkt weg) gerichtete Kraft.

Zum Einleiten einer Kurve wird nicht in die gewünschte Richtung gelenkt, sondern es erfolgt zuerst ein kleiner, entgegengesetzter Einschlag. Das bringt das Rad in eine Schräglage, die die Kurvenfahrt ermöglicht.

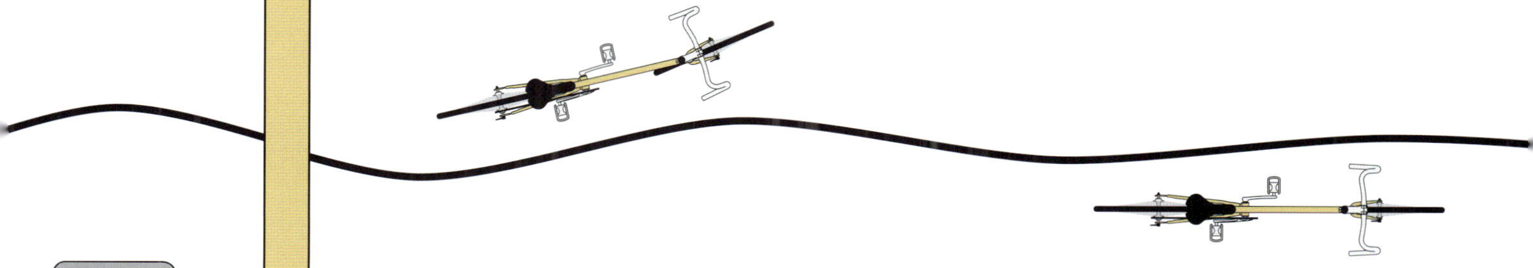

Ergonomie

Ergonomie ist die Wissenschaft der Anpassung von Arbeitsgeräten oder -bedingungen an die physiologischen Bedürfnisse des Menschen.

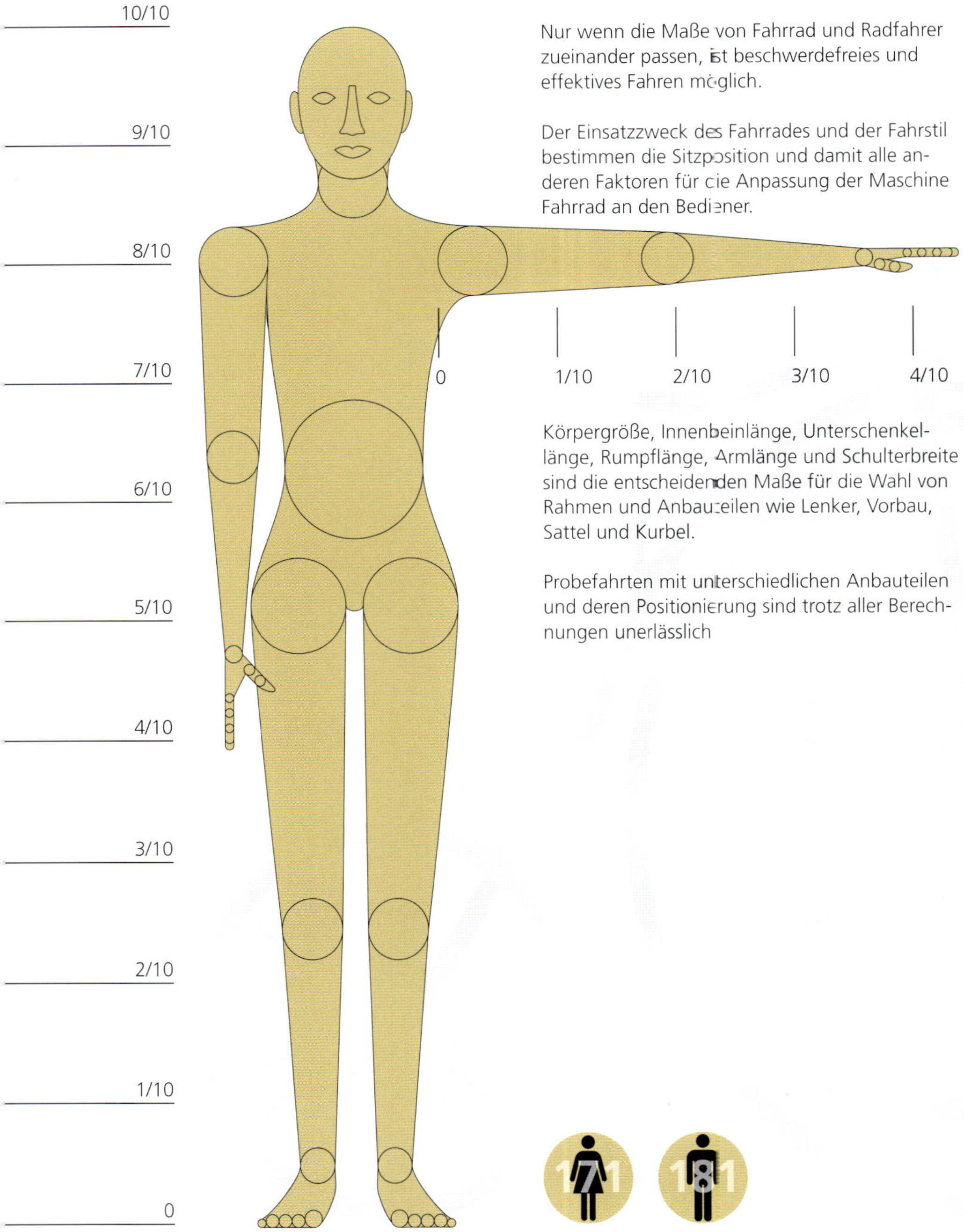

Nur wenn die Maße von Fahrrad und Radfahrer zueinander passen, ist beschwerdefreies und effektives Fahren möglich.

Der Einsatzzweck des Fahrrades und der Fahrstil bestimmen die Sitzposition und damit alle anderen Faktoren für die Anpassung der Maschine Fahrrad an den Bediener.

Körpergröße, Innenbeinlänge, Unterschenkellänge, Rumpflänge, Armlänge und Schulterbreite sind die entscheidenden Maße für die Wahl von Rahmen und Anbauteilen wie Lenker, Vorbau, Sattel und Kurbel.

Probefahrten mit unterschiedlichen Anbauteilen und deren Positionierung sind trotz aller Berechnungen unerlässlich

Die natürliche S-Form der Wirbelsäule sollte beim Radfahren nicht aufgegeben werden. Ein Rundrücken ist führt auch dazu, dass der Kopf stärker in den Nacken gelegt wird. Sitzhöhe, Lenkerhöhe und der Abstand der beiden sind entscheidende Faktoren für gesundes Radfahren.

Fahrstil und Sitzposition

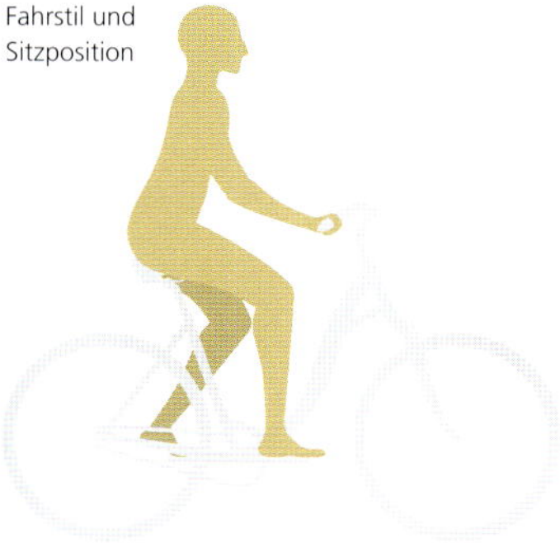

Beim Cityrad ist die Körperhaltung aufrecht. Etwa 70 % des Gewichts ruhen auf dem Sattel, 20 % auf den Pedalen und 10 % auf dem Lenker.

Beim Trekkingrad ist die Körperhaltung mäßig nach vorne gebeugt. Etwa 50 % des Gewichts ruhen auf dem Sattel, 25 % auf den Pedalen und 25 % auf dem Lenker.

Beim Rennrad ist die Körperhaltung stark nach vorn gebeugt. Etwa 10 % des Gewichts ruhen auf dem Sattel, 70 % auf den Pedalen und 20 % auf dem Lenker.

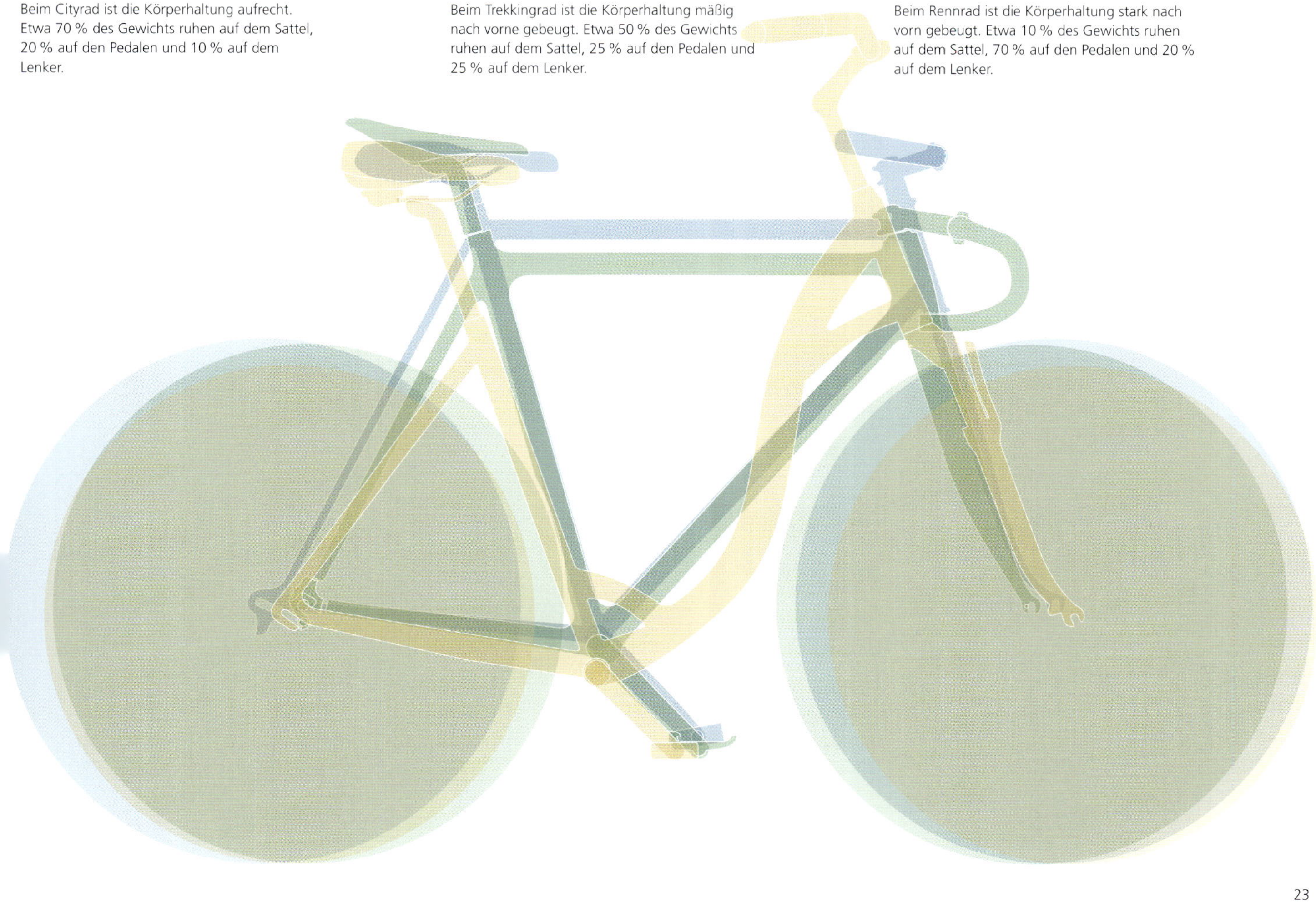

Ergonomie

Die richtige Rahmenhöhe ist die Voraussetzung für ein individuell passendes Fahrrad. Auch Sattel, Lenker, Kurbel und Pedale haben durch ihre Höhe, Breite und Positionierung maßgeblichen Einfluss.

Wenn die richtige Rahmengröße, also Rahmenhöhe und -länge gewählt sind, kann durch Wahl und Einstellung von Sattel, Vorbau, Lenker und Kurbel die Sitzposition optimiert werden.

Die hier genannten Methoden ermöglichen nur eine annähernd richtige Einstellung und können eine Fachberatung und Probefahren nicht ersetzen.

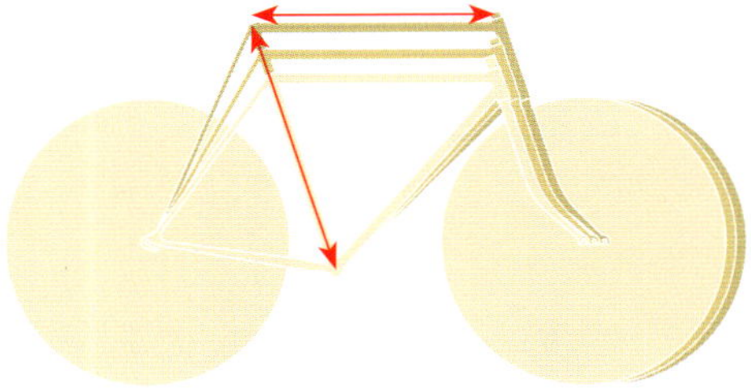

Die Rahmenhöhe wird in Deutschland traditionell von der Mitte des Tretlagers bis zur Oberkante des Sitzrohres gemessen. Ausgehend vom Trapezrahmen mit waagerechtem Oberrohr sind den anderen Parametern, wie der Rahmenlänge – Mitte Sitzrohr bis Mitte Steuerrohr – Grenzen gesetzt.

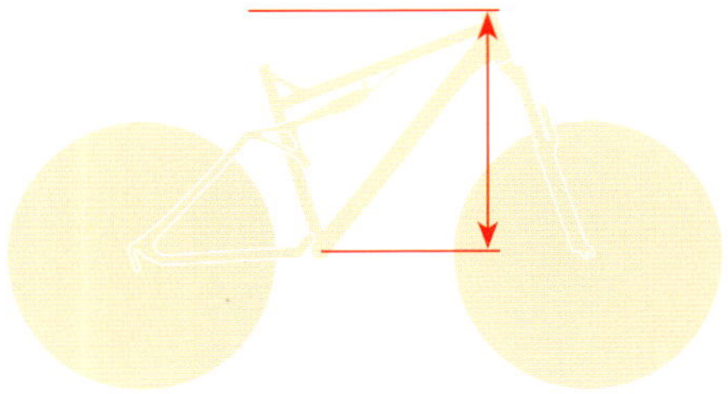

Da moderne Rahmen meist kein waagerechtes Oberrohr mehr haben, müssen auch Rahmenhöhe und -länge neu definiert werden. Die neue Methode misst von der Tretlagermitte bis zur Oberkante des Steuerrohrs.

Rahmenhöhe

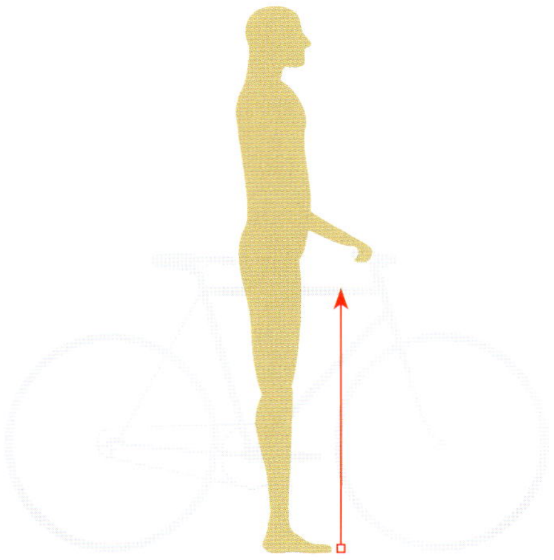

Die Rahmenhöhe wird von der Mitte des Tretlagers bis zur Oberkante des Sitzrohres gemessen. Die passende Höhe kann grob ermittelt werden, indem man ohne Schuhe über dem Fahrrad steht. Hierbei soll zwischen Schritt und Oberrohr ungefähr 5 cm Platz sein.

Sattelhöhe

Der Sattel soll waagerecht stehen.

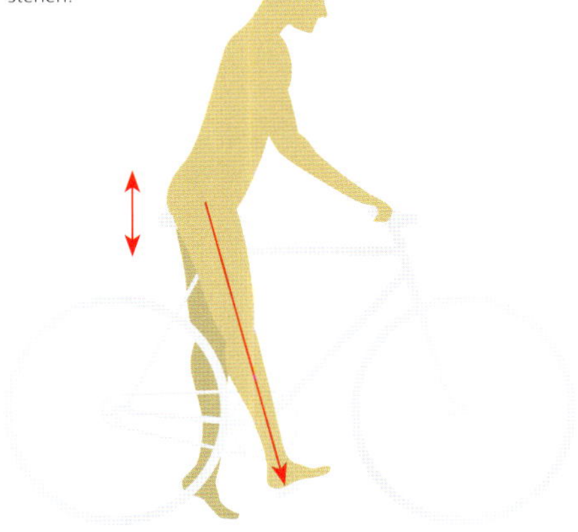

Die passende Sattelhöhe lässt sich ermitteln, indem man mit durchgestrecktem Bein und nicht abgekippter Hüfte auf dem Sattel sitzt. Hierbei soll die Ferse das Pedal berühren, wenn die Kurbel an der tiefsten Stelle steht. So wird das Knie beim Radeln, wenn der Fußballen auf dem Pedal aufliegt, nie ganz durchgedrückt.

Sattelposition

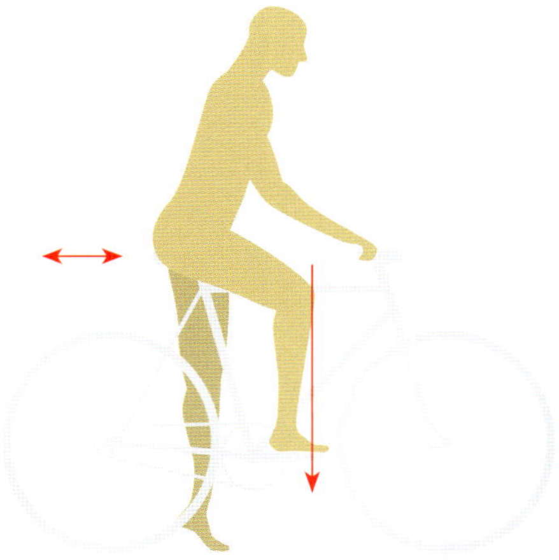

Die horizontale Sattelposition ist passend, wenn im Sitzen und bei waagerecht stehenden Pedalen Kniespitze und Pedalachse eine Senkrechte bilden.

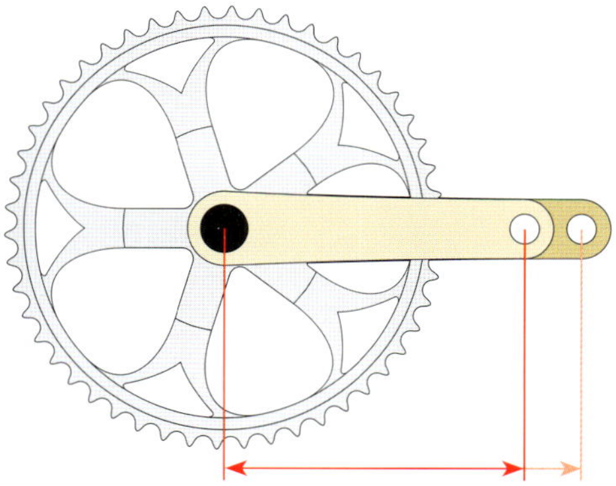

Die Länge der Kurbel bestimmt die Effizienz, mit der verschieden große Radfahrer pedalieren können. Über die Bestimmung ihrer richtigen Länge gibt es unterschiedliche Auffassungen. Sie kann grob ermittelt werden, indem man die Körpergröße mit 0,1 multipliziert. Oder die Innenbeinlänge mit 0,215.

Tretkurbeln gibt es in Längen von 160 cm bis 185 cm, wobei 170 cm bis 175 cm das übliche, leicht erhältliche Maß sind.

Bei der Verwendung von zu kurzen Kurbeln erreicht man nicht seine bestmögliche Leistung. Bei zu langen kann es zu Knieproblemen kommen. Wenn die Kurbel ganz oben steht, soll der Kniewinkel nicht unter 90 % liegen.

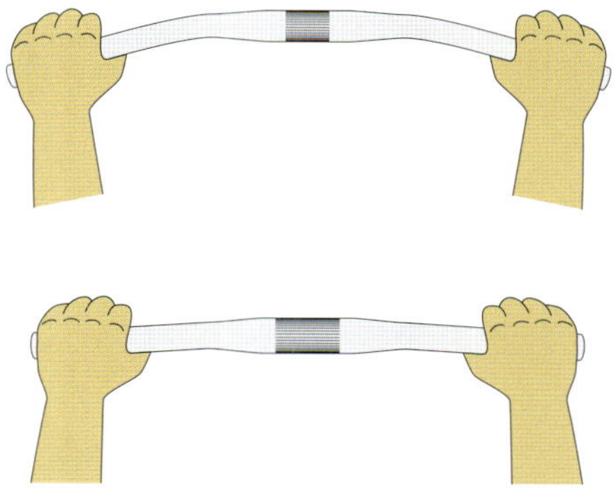

Ein breiter Lenker bietet mehr Sicherheit und Kontrolle. Schmaler als die Schulterbreite sollte kein Lenker sein.

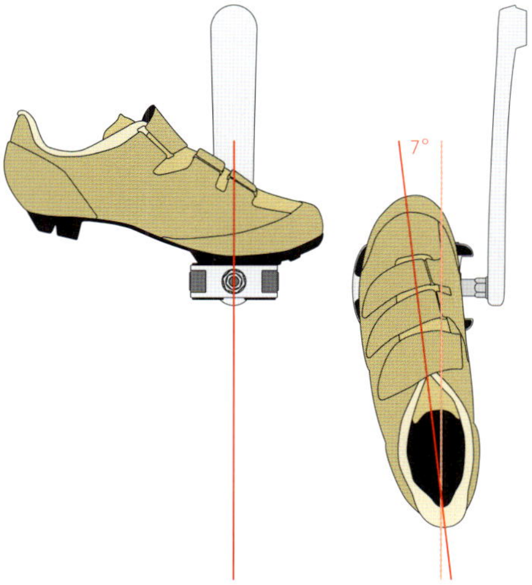

Eine Voraussetzung für die optimale Tretbewegung ist die Fußstellung auf dem Pedal. Zum einen ist es wichtig, dass der Fußballen genau über der Pedalachse steht, zum anderen sollte der Winkel in Fahrtrichtung möglichst genau der Stellung im Stehen entsprechen.

Werden die Füße durch Klickpedale genau in den rechten Winkel gezwungen, kann es zu Knieproblemen kommen. Pedale mit längerer Achse und Klickpedale mit seitlicher Bewegungsfreiheit schaffen Abhilfe.

Spezialschuhe und Einlagen, die den Winkel zur Aufstandsfläche verändern, können das Resultat verbessern.

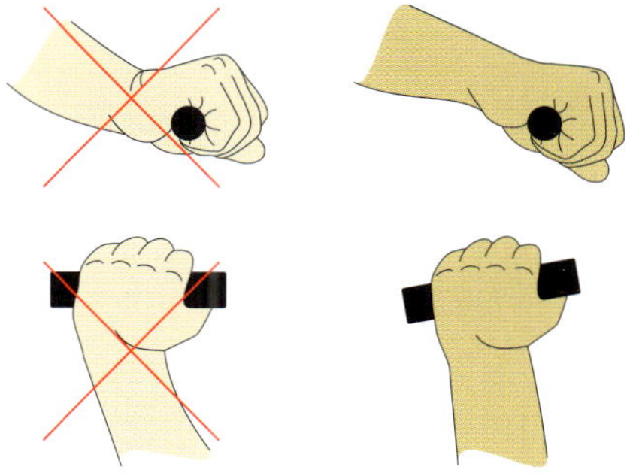

Die Handgelenke sollten von der Seite und von oben gesehen nicht abgeknickt sein. Gebogene Lenker, Lenkerhörnchen oder ergonomische Griffe können helfen, das zu verhindern. Das Wechseln der Griffstellung beugt Beschwerden ebenfalls vor.

Verkehrsregeln

Ein Fahrrad ist nach StVO und StVZO ein Fahrzeug. Ein Radfahrer ist daher ein Fahrzeugführer mit allen sich daraus ergebenden Rechten und Pflichten.

Der Fahrradverkehr nimmt zu und es wird deutlich, dass Radfahren nicht nur eine Freizeitbeschäftigung ist, sondern Straßenverkehr.

Was darf man und was nicht? In vielen Alltagssituationen, mit denen der Radfahrer täglich konfrontiert wird, herrscht häufig Unwissen vor. Viele Radfahrer, aber auch Autofahrer und Fußgänger kennen oft die Bestimmungen nicht.

Auf der Internetseite des Bundesverkehrsministeriums kann der Interessierte sich zu dem Text der StVO weiterleiten lassen. Auch gibt es viele Zusammenfassungen, z.B. des ADFC, im Internet zu finden.

Nur Radfahrer bis zum Alter von zehn Jahren dürfen auf dem Gehweg fahren.

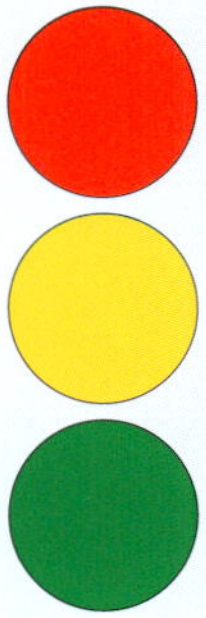

Auf der Straße gelten für den Radfahrer die allgemeinen Verkehrsampeln.

Nur die mit diesem Schild für Radfahrer freigegebenen Gehwege dürfen, müssen aber nicht, benutzt werden.

Ist eine Radfahrerampel vorhanden, muss sie auch beachtet werden, wenn der Radweg nicht benutzt wird.

Radwege, die mit folgenden Verkehrszeichen gekennzeichnet sind, müssen benutzt werden.

In verkehrsberuhigten Zonen müssen auch Radfahrer mit Schrittgeschwindigkeit fahren.

Auf gemeinsamen Geh- und Radwegen müssen Radfahrer besonders vorsichtig sein und dürfen nur langsam fahren.

Nur wenn Radfahrer ihr Fahr-rad schieben, gelten sie als Fußgänger und haben an Zebrastreifen den selben Vorrang wie Fußgänger.

In Tempo-30-Zonen darf nicht schneller gefahren werden. Es dürfen dort keine benutzungspflichtigen Radwege ausgewiesen sein.

Auf Fahrradstraßen dürfen nur Fahrräder fahren, auch nebeneinander. Durch Zusatzzeichen kann auch Kfz-Verkehr erlaubt werden. Dieser muss sich dann aber dem Radverkehr anpassen

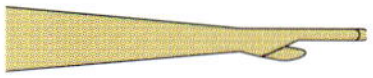

Fahrräder dürfen keine Blinker haben. Man muss aber seine Absicht signalisieren, die Fahrtrichtung zu ändern, üblicherweise durch Handzeichen vor dem Abbiegen

Eine Helmpflicht für Radfahrer gibt es nicht.

Fahren gegen die Fahrtrichtung von Einbahnstraßen ist erlaubt, wenn Verkehrsschilder mit den entsprechenden Zusatzschildern versehen sind.

Sackgassen mit dieser zusätzlichen Kennzeichnung sind für den Radfahrer- und Fußgängerverkehr durchlässig.

Die Benutzung eines Mobiltelefons ist nicht erlaubt.

Diese Angaben sind ein sehr verkürzter und unverbindlicher Auszug aus der StVO und Gerichtsurteilen und nicht vollständig. Sie sollen lediglich einen kurzen Überblick über die wichtigsten Bestimmungen bieten.
Stand: 2013
Quellen: StVO und ADFC

Rahmen und Federung

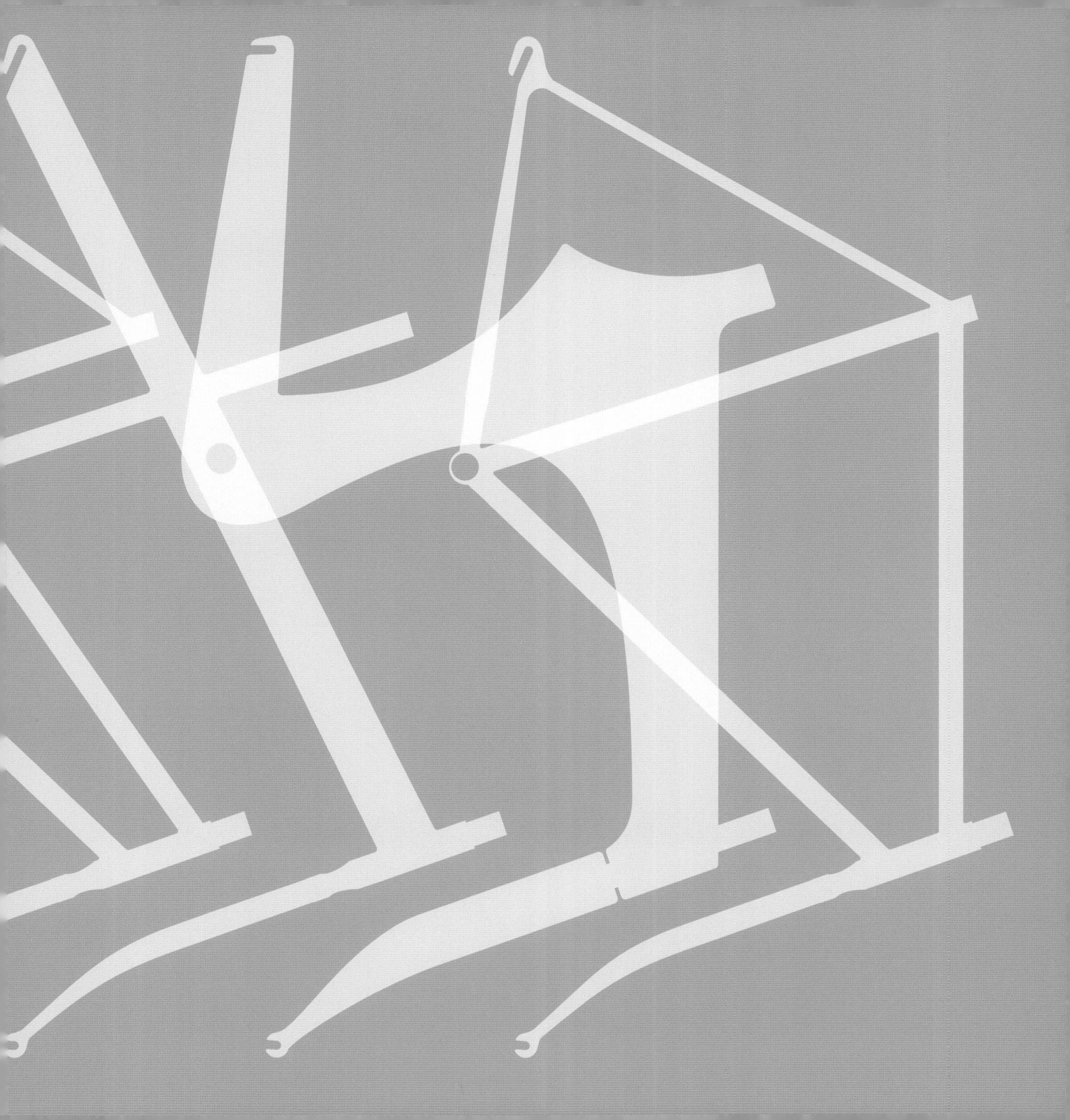

Rahmenformen

Rahmen und Gabel tragen Fahrer und Gepäck, an ihnen sind alle Komponenten und Anbauteile befestigt.

Die klassische Rahmenform ist der Trapez- oder Diamantrahmen. Hier stehen Materialbedarf und Stabilität im besten Verhältnis. Seit der Entwicklung zum Sicherheitsrad hat sich sein Aussehen nicht mehr grundsätzlich verändert.

Offene Rahmen, Damen-, Kreuz- oder Y-Rahmen sind nur bei entsprechender Dimensionierung und Verstärkung der Rohre annähernd steif und fest.

Fahrradrahmen und -komponenten sind vielfältigen Belastungen ausgesetzt. Ein schwerer Fahrer mit aktivem Fahrstil kann das Fahrrad bis zu zehnmal mehr belasten als ein leichter mit passivem Fahrstil.

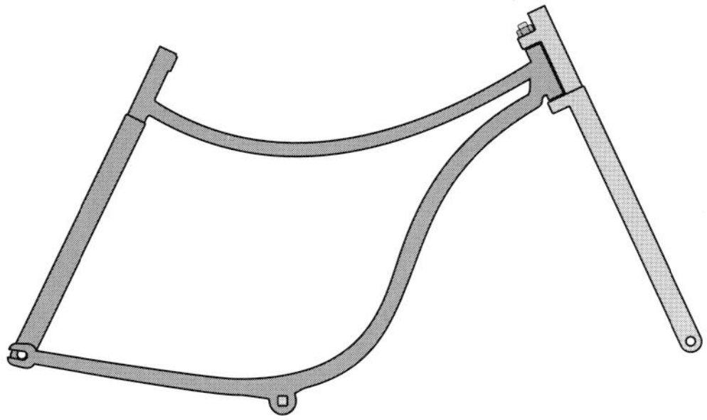

Der Diamantrahmen bietet das beste Verhältnis von Stabilität zu Gewicht. Er hat sich seit über hundert Jahren bewährt. Modernere Formen haben ein nach vorn ansteigendes Oberrohr.

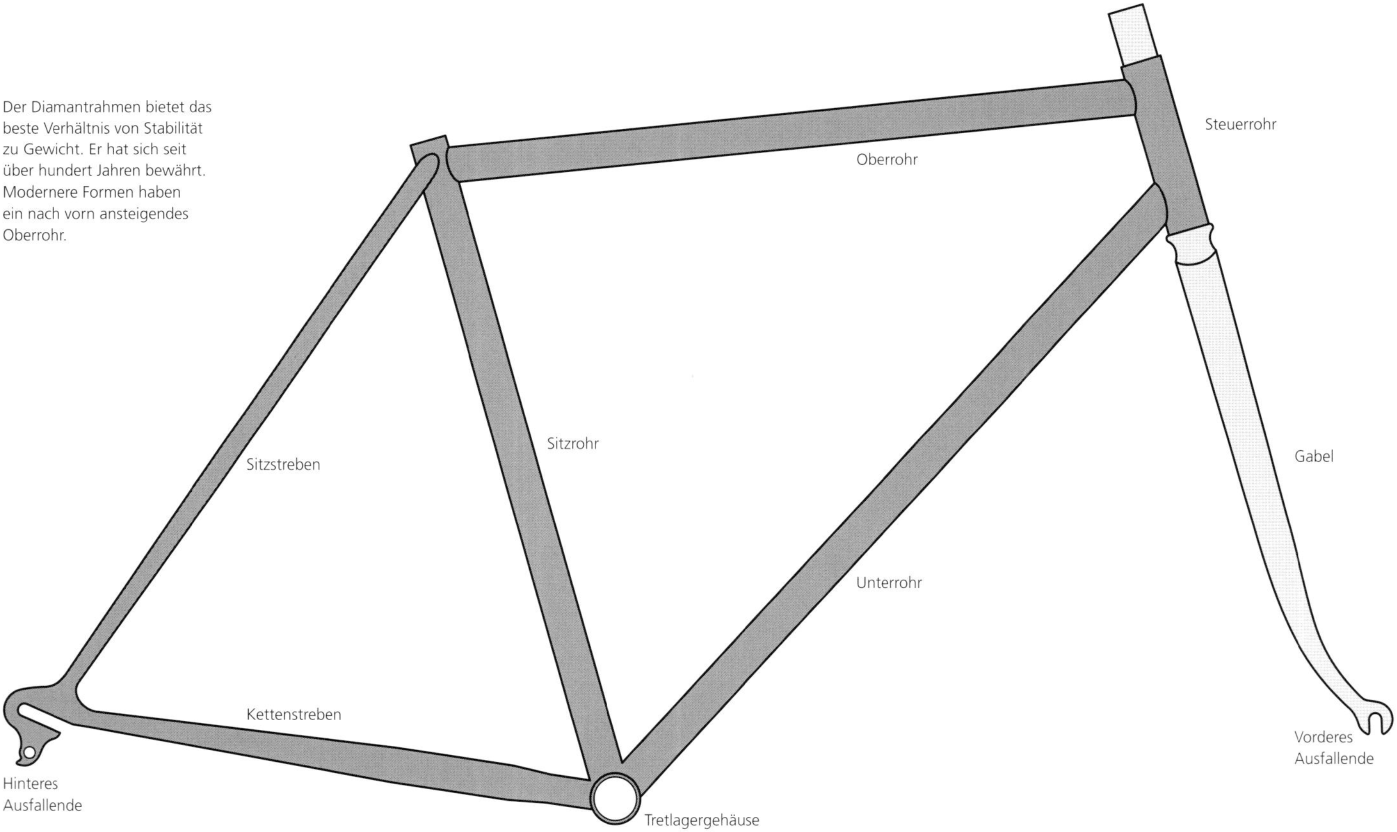

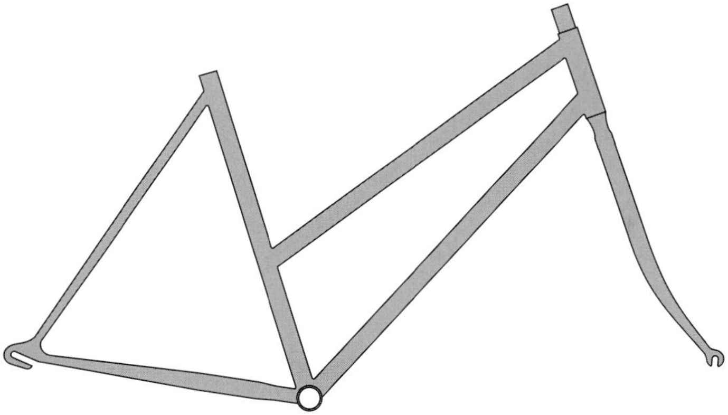

Der Trapezrahmen entspricht dem Diamantrahmen mit abgesenktem Oberrohr. Er ist weniger seitensteif, hat dafür tieferen Durchstieg.

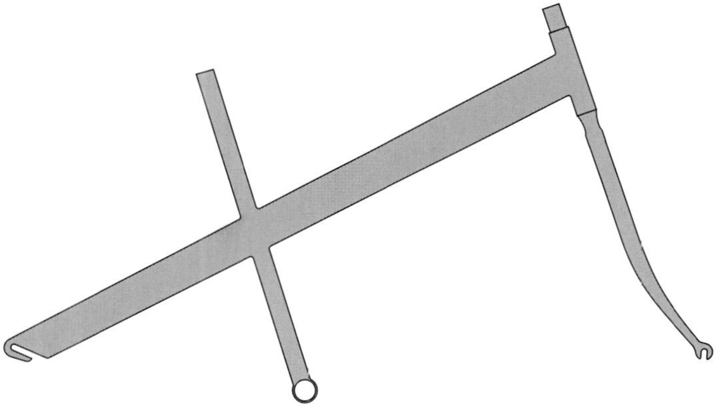

Der Kreuzrahmen ist eine der ältesten Konstruktionen und nicht sehr seitensteif.

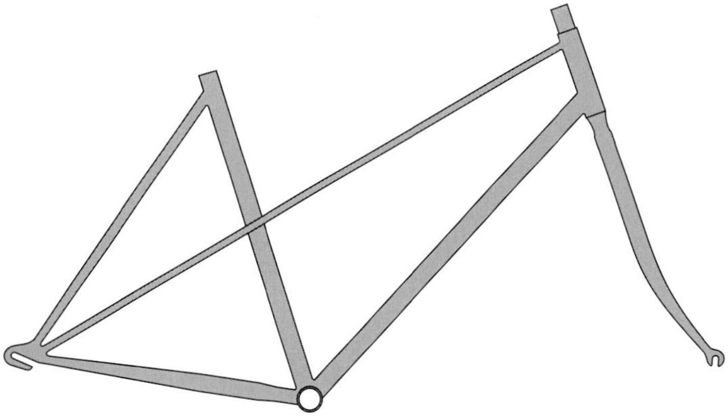

Der Mixte-Rahmen hat ein zweigeteiltes Oberrohr, das am Sitzrohr vorbei zu den hinteren Ausfallenden geführt wird.

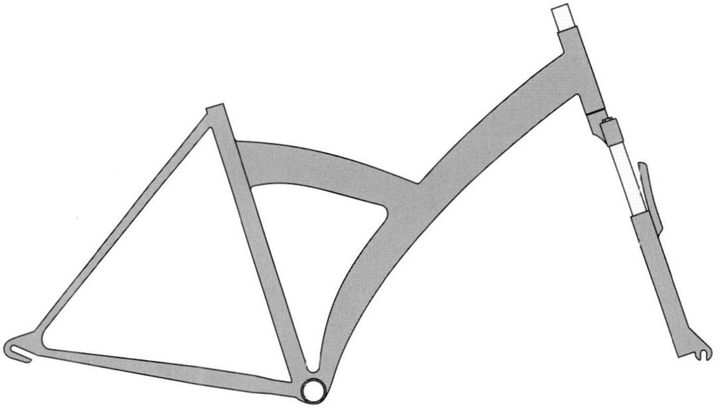

Beim Y-Rahmen führt ein sich gabelndes Rohr vom Steuer- zum Sitzrohr.

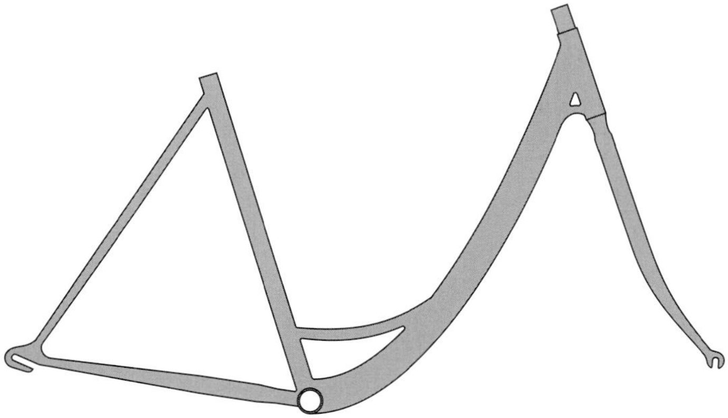

Der Zentralrohr- oder Waverahmen hat nur ein groß dimensioniertes, geschwungenes Unterrohr mit einem Verstärkungsrohr.

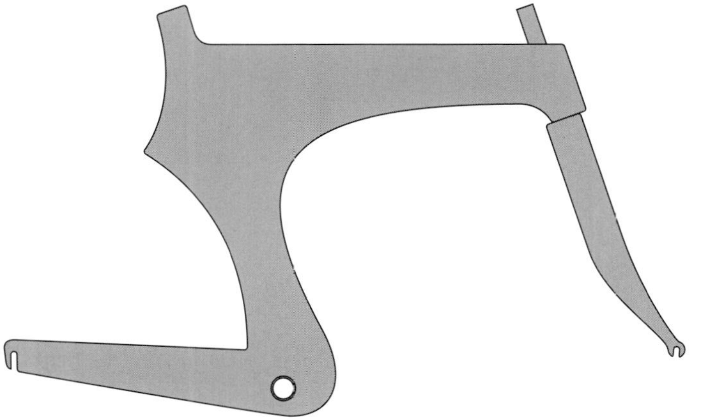

Rahmen aus CFK (carbonfaserverstärktem Kunststoff) erlauben nahezu beliebige Formen.

Rahmengeometrien

Die unterschiedlichen Geometrien der Fahrradrahmen sind entscheidende Faktoren für das Fahrverhalten und die Sitzposition.

Ein langer Radstand bedingt ein gutes Geradeauslaufverhalten.

Ein kurzer Radstand bedingt ein wendiges Fahrverhalten.

Ein langer Vorderbau verringert die Vorderradbelastung und führt so zu einer schlechteren Spurtreue, die Überschlagsgefahr nimmt ab.

Ein kurzer Vorderbau erhöht die Vorderradbelastung und verbessert damit den Geradeauslauf, die Fußfreiheit nimmt ab.

Ein langer Hinterbau erhöht die Belastung des Vorderrades und macht das Fahrrad laufruhiger.

Ein kurzer Hinterbau erhöht die Belastung des Hinterrades und macht das Fahrrad wendiger.

Ein flacher Steuerrohrwinkel erhöht den Nachlauf und verbessert damit den Geradeauslauf, erhöht die Lenkkräfte.

Ein steiler Steuerrohrwinkel verringert den Nachlauf und erhöht die Wendigkeit, reduziert damit den Geradeauslauf.

Ein flacher Sitzrohrwinkel erhöht die Belastung des Hinterrades und reduziert die Seitensteifigkeit des Rahmens.

Ein steiler Sitzrohrwinkel verringert die Belastung des Hinterrades und die erhöht die Seitensteifigkeit des Rahmens.

Ein hohes Tretlager vermeidet Pedalaufsetzer und erhöht die Seitensteifigkeit des Rahmens.

Ein tiefes Tretlager erhöht die Gefahr von Pedalaufsetzern und verringert die Seitensteifigkeit des Rahmens.

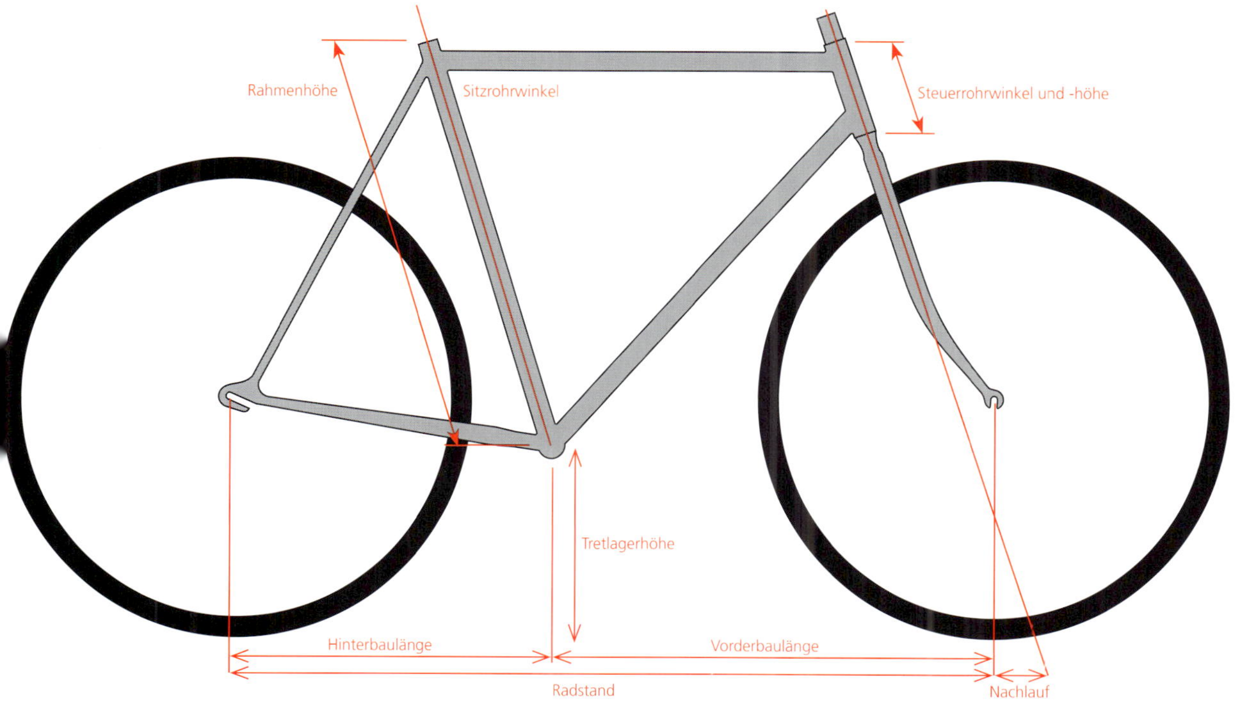

Rahmen aus Stahl

Stahl lässt sich am besten von allen geeigneten Rahmenbaumaterialien verarbeiten. Gute Stahlrahmen sind lange haltbar.

Üblich im Rahmenbau sind Chrom-Molybdän-Stähle. Sie sind langlebig und leicht zu bearbeiten, lassen sich problemlos löten und schweißen.

Alle Stähle, außer den rostfreien, benötigen einen Korrosionsschutz.

Früher waren fast alle Fahrradrahmen aus Stahl. Aluminium und immer öfter Carbon sind heute, mit dem Argument des geringen Gewichts, die meist verwendeten Rahmenbaumaterialien. Allerdings gibt es viele Liebhaber klassischer Stahlrahmen, so dass der problemlose Werkstoff eine Renaissance erlebt.

Als Stahl werden alle schmiedbaren Eisenerzeugnisse bezeichnet. Der Kohlenstoffgehalt liegt unter 2%. Legierungspartner sind z. B. Chrom, Molybdän, Mangan und andere.
Vergütung durch schmieden, härten, anlassen …

Dichte	7,85 kg/dm^3
Schmelzbereich	1.450 °C
Zugfestigkeit	300–3.000 N/mm^2
Bruchdehnung	2-60 %
Elastizitätsmodul	200.000 N/mm^2

Vorteile
- hohe Festigkeit
- leicht zu verarbeiten
- preiswert
- leicht wiederverwertbar
- häufiges Vorkommen

Nachteile
- Korrosionsschutz notwendig
- hohes Gewicht

Ein guter Rahmen mit Gabel wiegt etwa 2,5 kg.

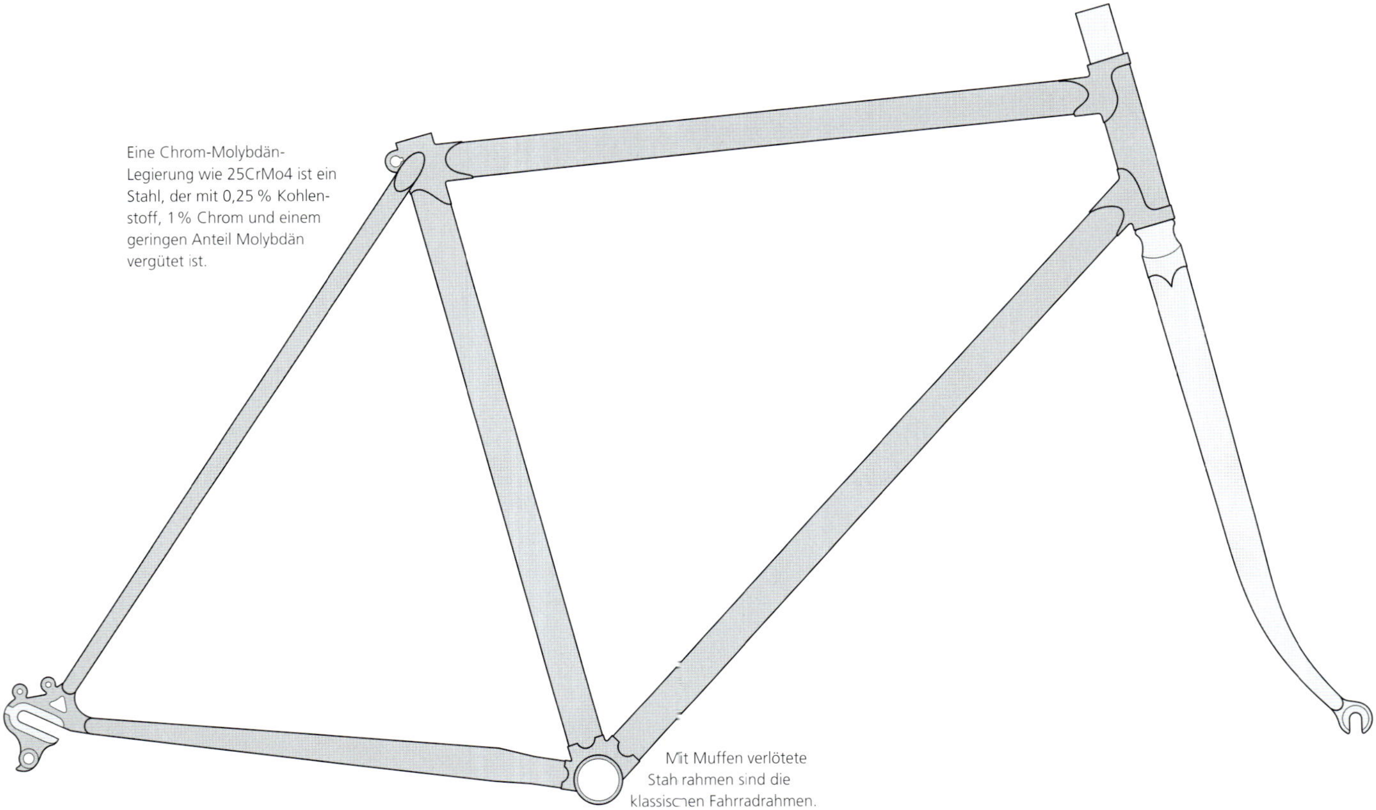

Eine Chrom-Molybdän-Legierung wie 25CrMo4 ist ein Stahl, der mit 0,25 % Kohlenstoff, 1 % Chrom und einem geringen Anteil Molybdän vergütet ist.

Mit Muffen verlötete Stahlrahmen sind die klassischen Fahrradrahmen.

Muffen für Fahrradrahmen gibt es in sehr vielen Formen und feinen Abstufungen der Winkelungen, damit möglichst viele Geometrien realisiert werden können.

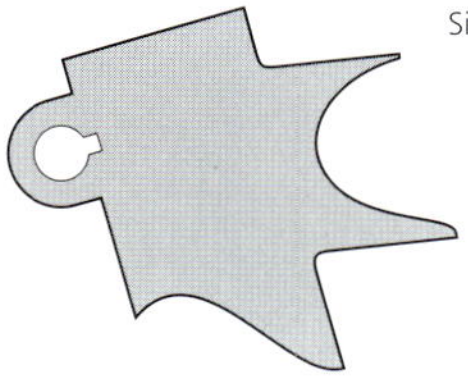

Sitzrohrmuffe

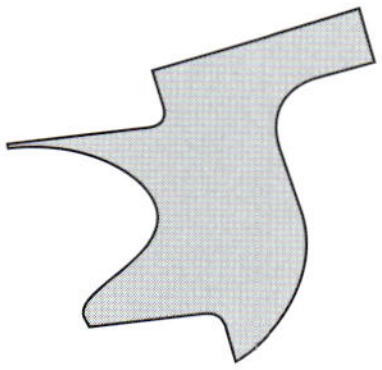

Obere Steuerrohrmuffe

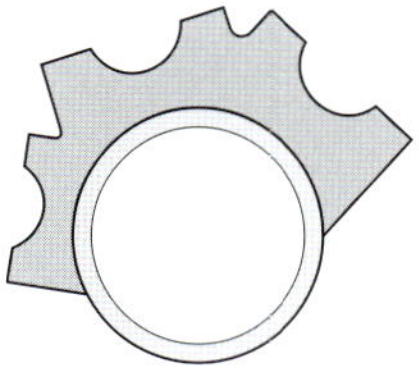

Tretlagergehäuse

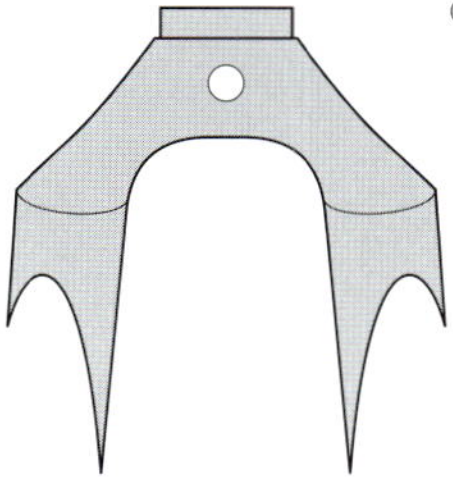

Gabelkopfmuffe

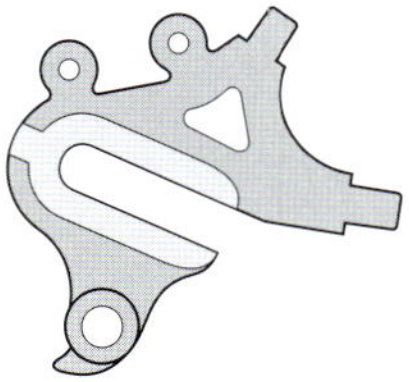

Hinteres Ausfallende

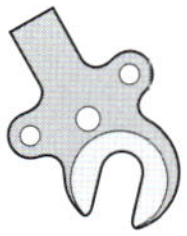

Vorderes Ausfallende

Löten ist das Verbinden von Metallbauteilen durch Einschmelzen eines Lotes, bei dem zwischen Metallteil und Lot eine dünne Legierungsschicht entsteht. Die Temperatur liegt unterhalb des Schmelzpunktes der Bauteile. Gelötet wird meist mit Muffen, aber auch muffenloses Löten ist möglich. Dabei müssen die Rohre genau passend auf Gehrung zugeschnitten werden.

Beim Schweißen wird die Schmelztemperatur des Materials überschritten. Die Kontaktzonen schmelzen, fließen ineinander und bilden nach dem Erkalten eine feste Einheit. Wie beim Löten muss darauf geachtet werden, dass die Arbeitstemperatur nicht zu lange zu hoch ist, um die Festigkeit der vergüteten Bauteile nicht zu stark zu beeinträchtigen.

Rahmenrohre hochwertiger Rahmen sind endverstärkt, das heißt zur Mitte hin dünner als an den zu lötenden oder schweißenden Enden, wo auch die Belastung am höchsten ist. Solche Rohre sind bei gleicher Festigkeit deutlich leichter als Rohre mit durchgehender Wandstärke.

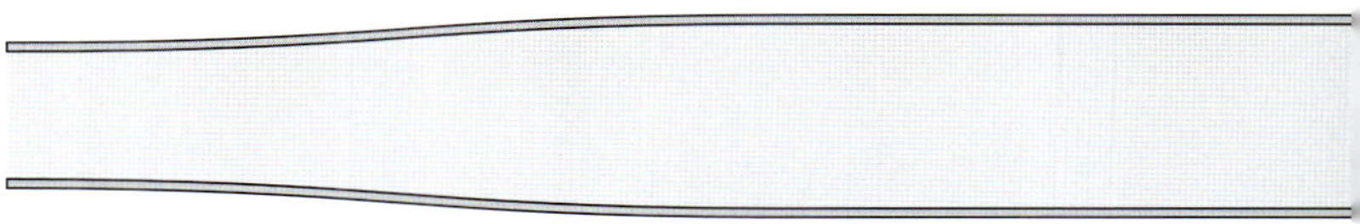

Gabelscheiden, Sitz- und Kettenstreben verjüngen sich zu den weniger belasteten Stellen hin und sparen so Gewicht.

Rahmen aus Aluminium

Aluminium ist leichter und teurer als Stahl. Da es wesentlich leichter verformbar ist als Stahl, müssen die Rohrdurchmesser größer dimensioniert werden, um bei geringerem Gewicht die gleiche Steifigkeit und Festigkeit zu erreichen.

Eine häufig verwendete Aluminiumlegierung im Rahmen- und Teilebau ist AlMg1SiCu. Hierbei handelt es sich um Aluminium mit 1% Magnesium und geringen Anteilen von Silicium und Kupfer. Häufiger verwendet wird die amerikanische Bezeichnung Al 6061.

Erst durch weitere Bearbeitung wie Endverstärkung, der Verringerung der Rohrwandstärke zur Mitte hin oder Hydroforming, der Umformung des Rohrprofils unter hohem hydraulischem Druck, kann der optimale Kompromiss zwischen niederem Gewicht und ausreichender Steifigkeit sowie Festigkeit erreicht werden.

Aluminium ist das am häufigsten vorkommende Metall. Legierungspartner sind z. B. Magnesium, Silicium oder Kupfer. Die Vergütung erfolgt durch walzen, ziehen, kaltschmieden und weitere Methoden.

Dichte	2,8 kg/dm^3
Schmelzbereich	650 °C
Zugfestigkeit	100-650 N/mm^2
Bruchdehnung	4-80 %
Elastizitätsmodul	70.000 N/mm^2

Vorteile	Nachteile
• häufiges Vorkommen	• Korrosionsschutz notwendig
• leicht wiederverwertbar	• Produktion sehr energieintensiv
• gut form- und gießbar	

Ein guter Rahmen mit Gabel wiegt etwa 2 kg.

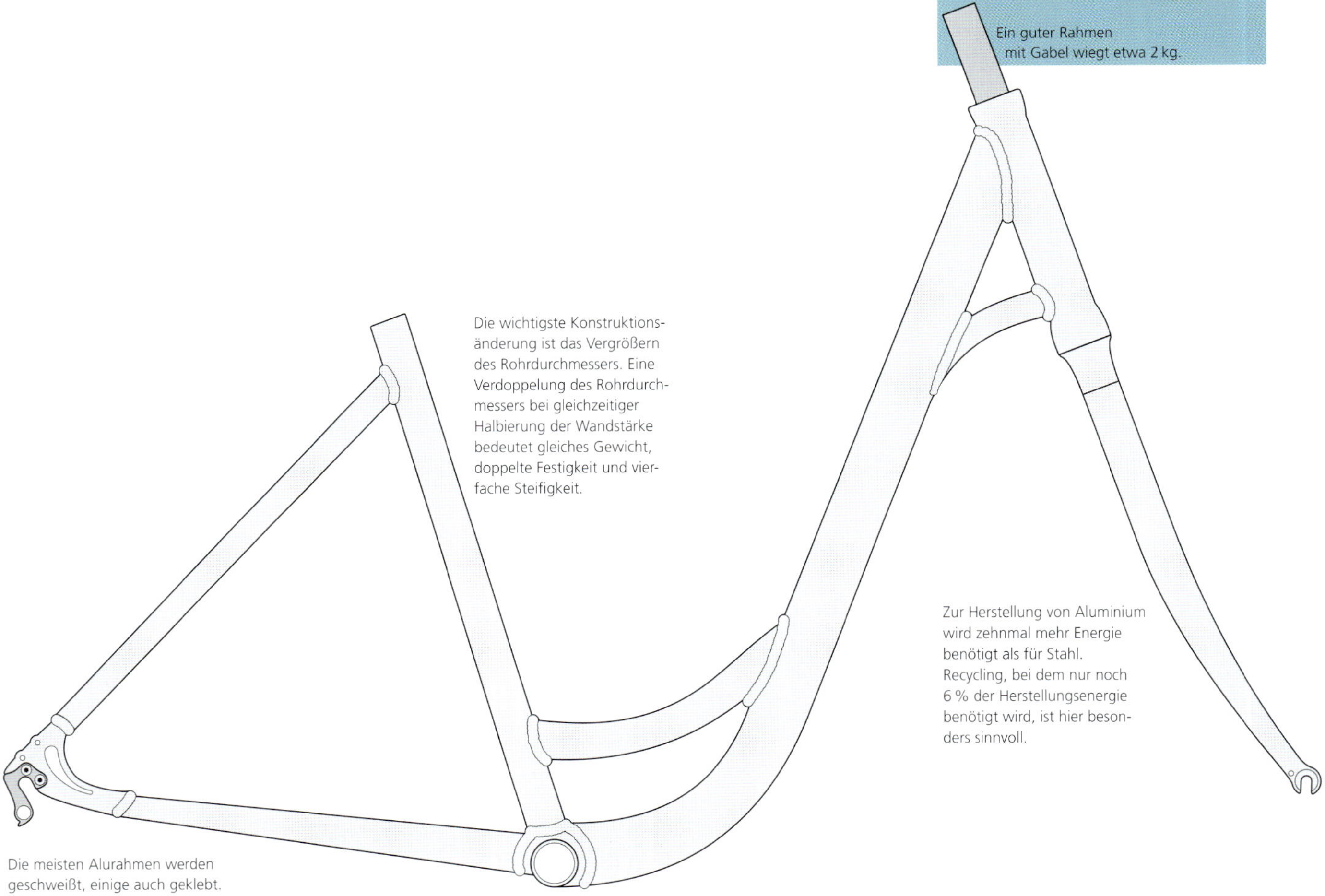

Die wichtigste Konstruktionsänderung ist das Vergrößern des Rohrdurchmessers. Eine Verdoppelung des Rohrdurchmessers bei gleichzeitiger Halbierung der Wandstärke bedeutet gleiches Gewicht, doppelte Festigkeit und vierfache Steifigkeit.

Zur Herstellung von Aluminium wird zehnmal mehr Energie benötigt als für Stahl. Recycling, bei dem nur noch 6 % der Herstellungsenergie benötigt wird, ist hier besonders sinnvoll.

Die meisten Alurahmen werden geschweißt, einige auch geklebt.

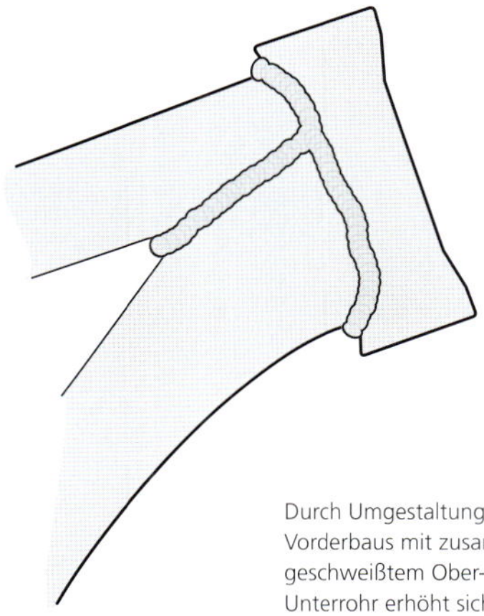

Durch Umgestaltung des Vorderbaus mit zusammengeschweißtem Ober- und Unterrohr erhöht sich die Stabilität.

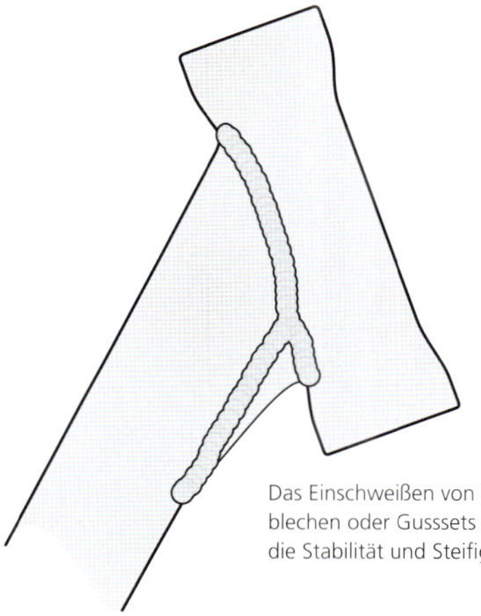

Das Einschweißen von Knotenblechen oder Gusssets erhöht die Stabilität und Steifigkeit.

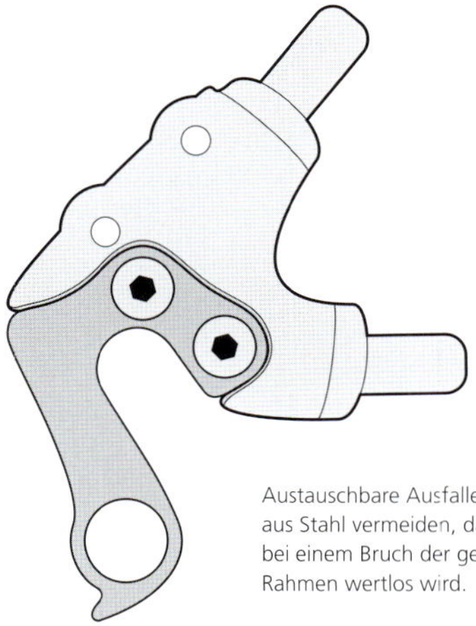

Austauschbare Ausfallenden aus Stahl vermeiden, dass bei einem Bruch der gesamte Rahmen wertlos wird.

Soll ein Aluminiumrohr bei gleichem Durchmesser dieselbe Steifigkeit erzielen wie Stahl, …

… muss es viermal dicker sein. Dabei wäre es über 10 % schwerer.

Hydroforming ist das Umformen metallischer Rohre, in die mit sehr hohem Druck Öl gepresst wird. So können normale Aluminiumrohre nahezu beliebig geformt werden.

Rahmen aus Carbon

Carbon oder carbonfaserverstärkter Kunststoff (CFK) ist ein Verbundmaterial. Kohlenstofffasern werden in flüssige Kunststoffe mehrlagig eingelegt und durch Druck und Hitze über einer Form ausgehärtet.

Carbonrahmen und -bauteile sind sehr leicht, fest und korrosionsbeständig. Bei Carbonfasern ist zu beachten, dass sie nur in Faserrichtung belastbar sind. Daher müssen, je nach Verwendung, die Fasern in verschiedenen Richtungen übereinandergelegt werden, um Stabilität in alle Richtungen zu erhalten.

Die Produktion ist kompliziert, teuer und nicht sehr umweltfreundlich. CFK-Rahmen können bei Überlastung schlagartig und ohne Vorwarnung brechen. Gegenüber Schlägen ist das Material sehr empfindlich, Beschädigungen lassen sich nur sehr aufwändig reparieren.

Kohlefasern werden in Lagen verschiedener Faserrichtung in Kunststoff-Bindemittel, die sog. Matrix, eingelegt. Nach dem Aushärten sind Form des Bauteils und Lage der Fasern fixiert.

Dichte	1,5 kg/dm³
Zugfestigkeit	150-1.300 N/mm²
Bruchdehnung	1-3 %
Elastizitätsmodul	50.000-200.000 N/mm²

Vorteile	Nachteile
• sehr fest	• sehr spröde
• sehr leicht	• teuer
• sehr steif	• aufwändige Verarbeitung
	• schlecht reparierbar

Ein guter Rahmen mit Gabel wiegt etwa 1,4 kg.

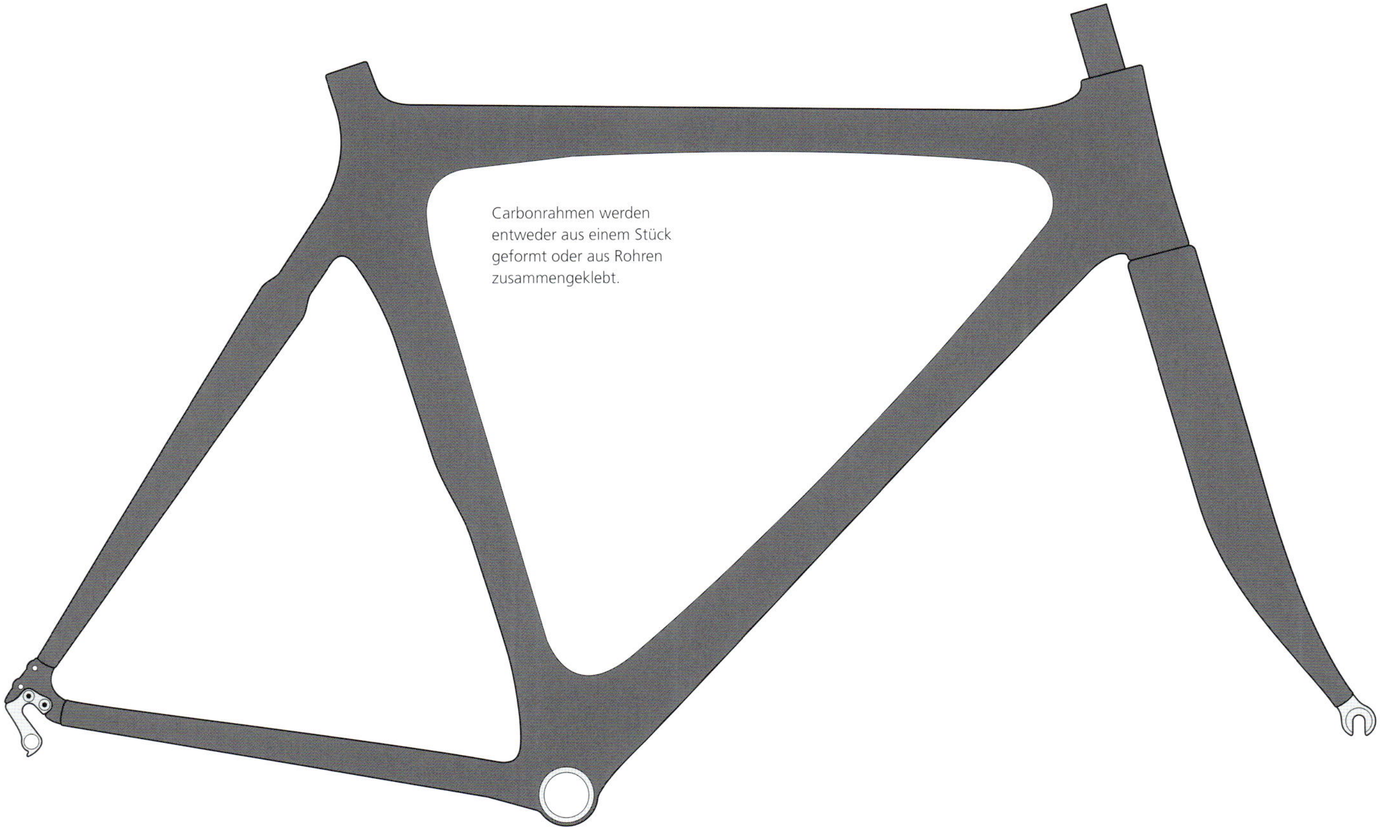

Carbonrahmen werden entweder aus einem Stück geformt oder aus Rohren zusammengeklebt.

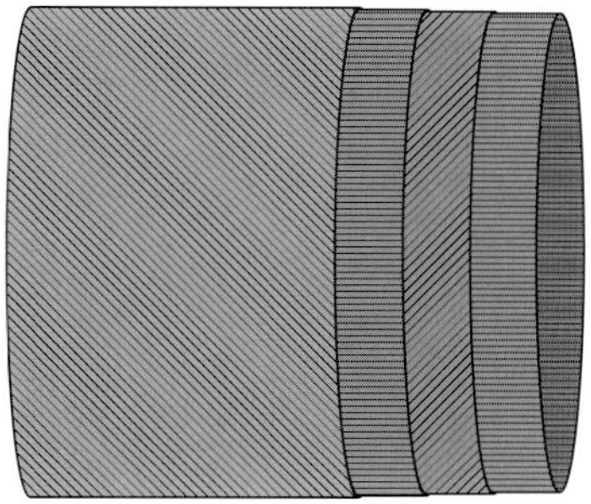

Während Metalle in allen Richtungen gleich steif und fest sind, gilt dies für Carbon nur in Faserrichtung. Daher müssen die Fasern in Kunststoff eingebettet und in mehreren Richtungen gelegt werden.

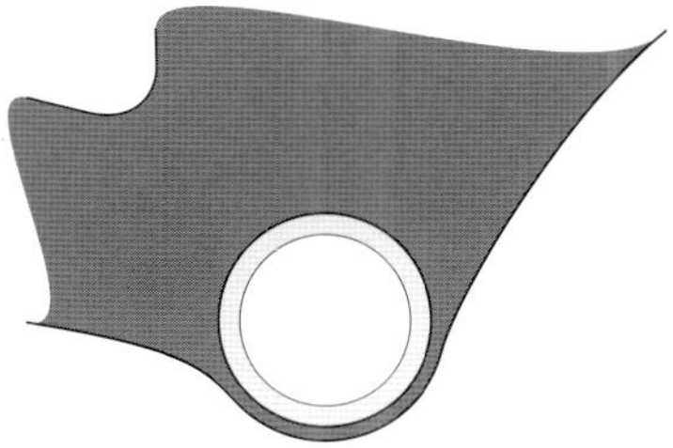

Schwachpunkte sind die Stellen, an denen Metallteile wie Gabelenden, Tretlagergehäuse oder Steuersätze mit dem Rahmen verbunden werden. Hier kann es leichter zum Bruch kommen.

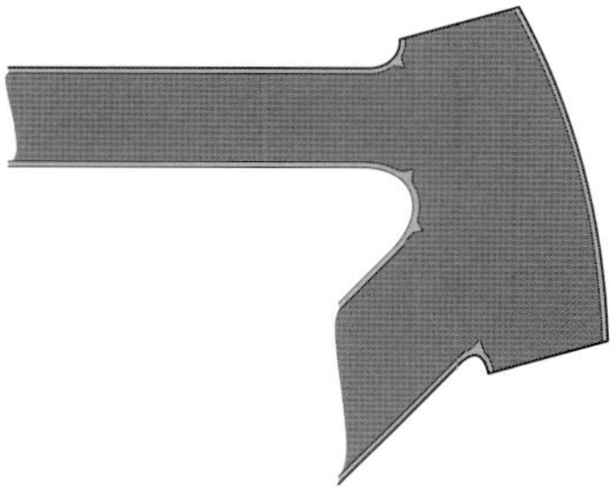

Beim Monocoqueverfahren wird der Rahmen aus einem Stück gefertigt. Auf diese Weise sind fast beliebige Rahmenformen möglich.

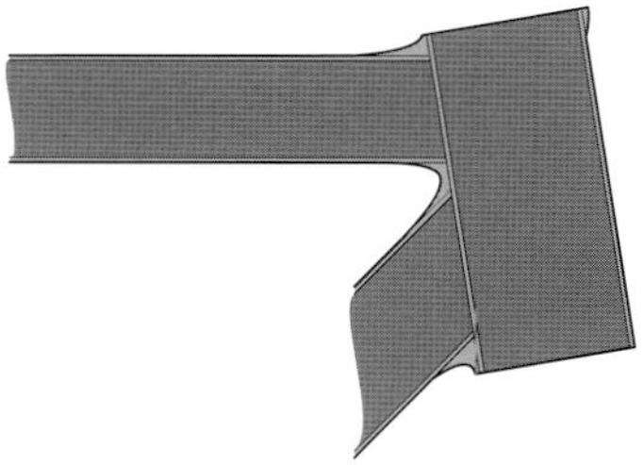

Bei der Tube-to-Tube-Technik werden die Rohre auf Stoß zusammengeklebt und danach mit harzgetränkten Fasern umwickelt oder in vorgefertigten Carbonmuffen zu einem Rahmen zusammengeklebt.

Carbonrahmen lassen sich in vielfältigen Formen bauen.

Federung

Schon bei den ersten Fahrrädern hat man versucht die Fahrbahnstöße, die über Vollholz- oder Gusseisenräder direkt an den Fahrer weitergegeben wurden, abzumildern.

Die Federung soll in erster Linie den Fahrkomfort erhöhen und das Material schonen. Bei Geländefahrrädern können durch den verbesserten Bodenkontakt höhere Geschwindigkeiten mit mehr Sicherheit gefahren werden.

Ältere Konzepte wie gefederte Vorbauten sind wegen der großen Verbreitung preiswerter und leichter Federgabeln nicht mehr üblich.

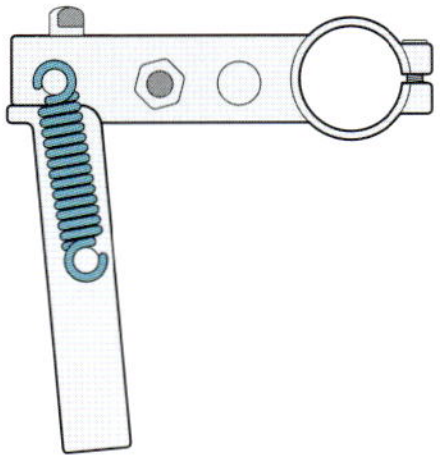

Schon Draisinen erhielten zur Verminderung der Stöße, die eisenbeschlagene Holzräder direkt an den Fahrer weiterleiteten, gefütterte Ledersättel. Es gab auch Modelle mit freischwingenden, hängemattenähnlichen Sitzgelegenheiten.

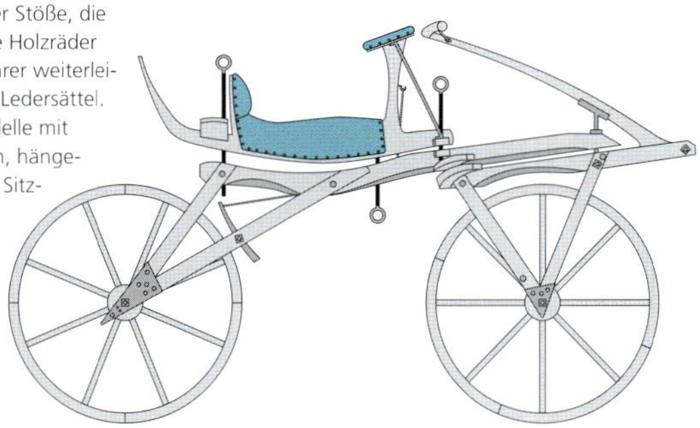

Das Kangaroo fuhr auf Vollgummireifen und hatte einen auf einer federnden Schiene gelagerten Sattel.

Eine Konstruktion aus den 20er Jahren, bei der der Sattel nicht auf einem starren Sattelrohr, sondern auf einer elastischen Blattfeder befestigt ist.

Moderne Federungen, deren Prinzipien aus dem MTB-Sport auf Alltagsräder übernommen wurden, bewältigen jede Federungsaufgabe.

Die Federung beginnt beim Federn des Fahrers, der beim Überfahren von Bodenunebenheiten mit den Gelenken und der Muskulatur aktiv den Fahrbahnstößen ausweicht.
Eine aktive, sensorgesteuerte Federung.

Auch ein scheinbar ungefedertes Rad hat nachgebende und schwingende Teile. Ein Reifen mit geringem Luftdruck federt mehr Stöße ab als ein stark aufgepumpter. Eine Gabel mit viel Vorbiegung, eine Federsattelstütze oder ein Sattel gleichen ebenfalls Fahrbahnunebenheiten aus.

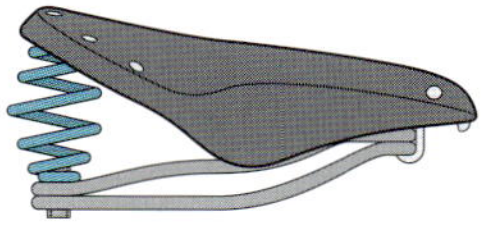

Gefederter Sattel

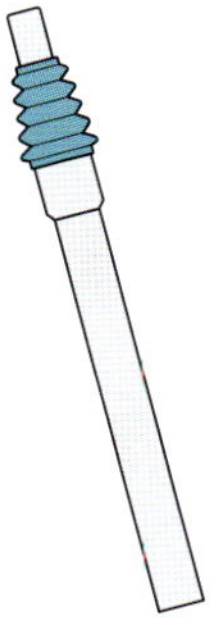

Gefederte Sattelstütze

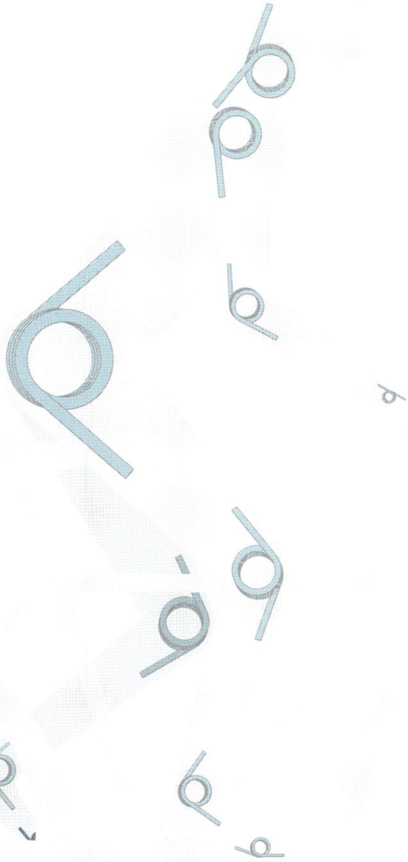

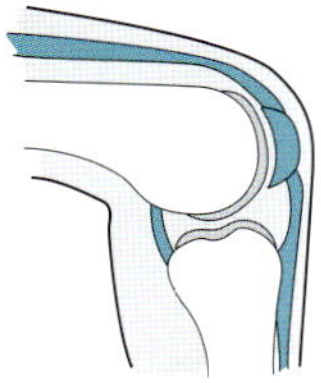

Gelenke, Muskeln und Sehnen wirken als aktive Federung.

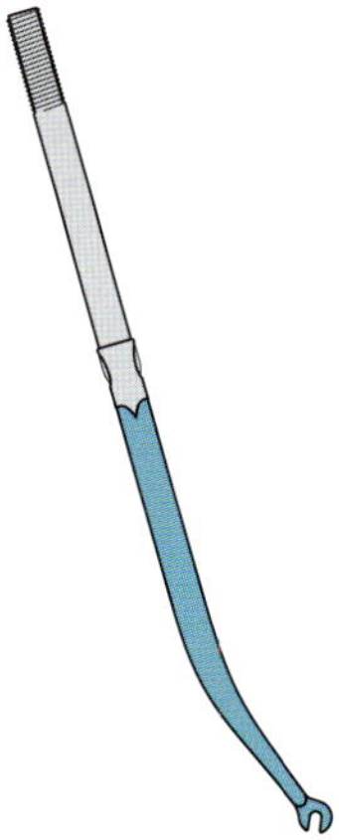

Stahlgabel mit Vorbiegung

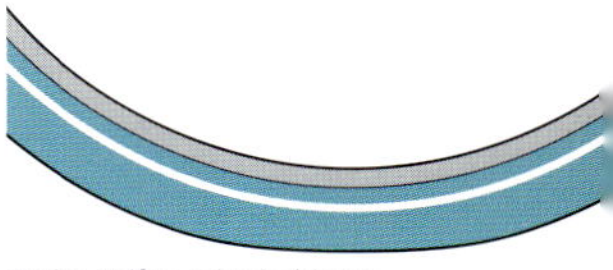

Breite Reifen mit niedrigem Luftdruck

Federung

Die beste Federwirkung hat ein vollgefedertes Fahrrad mit Federgabel. Es gibt verschiedene Systeme, die jeweils Vor- und Nachteile haben.

Das zentrale Element vollgefederter Räder ist das hintere Federelement, das oft als Dämpfer bezeichnet wird. Wie bei den Federgabeln sind hochwertige Vertreter mit einer individuell einstellbaren Luftfederung und Öldämpfung ausgestattet.

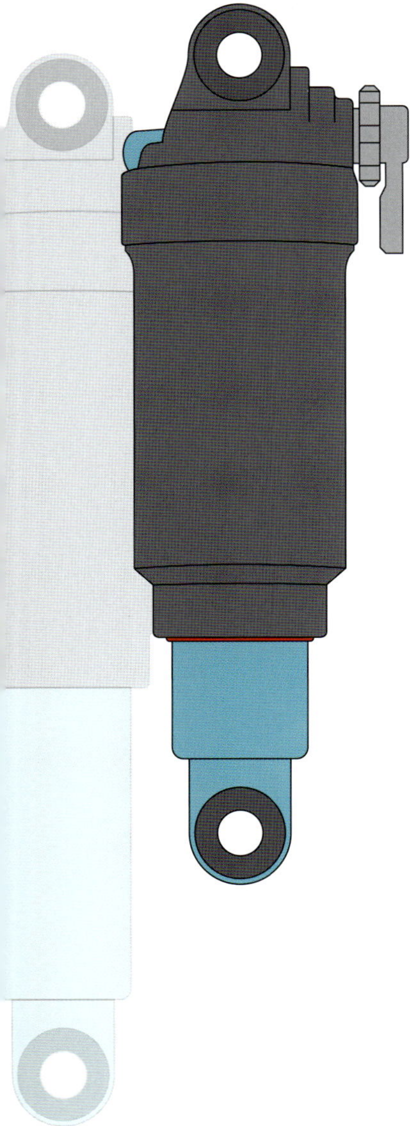

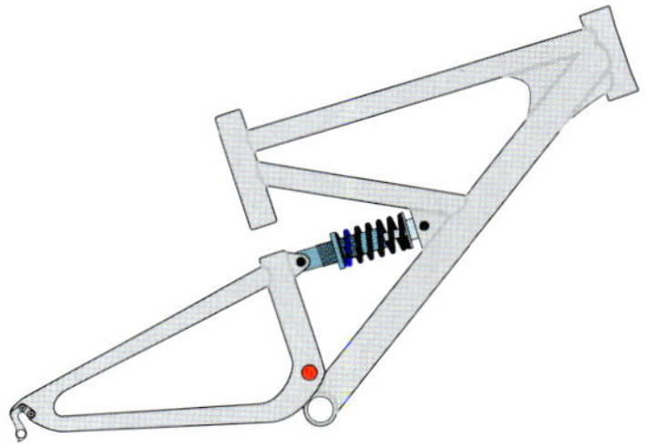

Eingelenker sind die einfachste und preiswerteste Form.

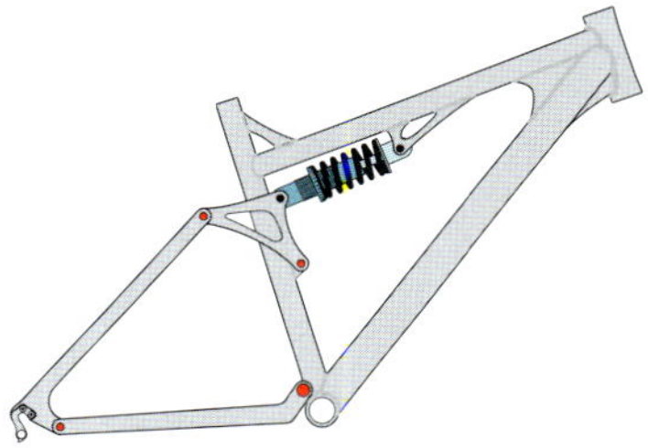

Viergelenker bieten eine bessere Federungskinematik, sind aber teurer und aufwändiger in Wartung und Reparatur.

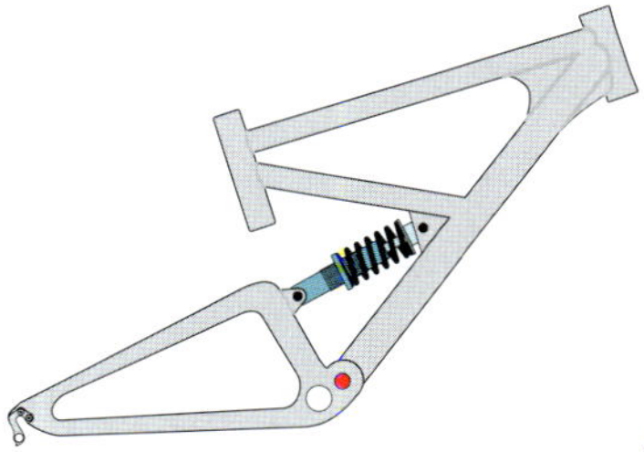

Bei Antriebsschwingen bleibt der Abstand zwischen Kettenblatt und Ritzel unbeeinflusst von der Federung.

Einfache Federungssysteme enthalten Stahlfedern oder Elastomere und oft keine gesonderte Dämpfung. Bei hochwertigen Produkten übernimmt eine mit unterschiedlichem Luftdruck befüllbare Kammer die Federung. Die ebenfalls einstellbare Dämpfung wird von Ölpatronen übernommen.

Der Weg, um den das Gewicht von Fahrrad, Fahrer und Gepäck die Federung einsinken lassen, heißt Negativfederweg. Negativ deshalb, weil die Federung um diesen Weg ohne das Gewicht von Fahrer und Gepäck ausfedert. Er ist wichtig, um z.B. auch Schlaglöcher mit Federwirkung überfahren zu können. Der Negativfederweg ist einstellbar und sollte für den Normalradler etwa 15 % des Gesamtfederweges betragen.

Die ungefederte Masse soll so klein wie möglich sein, die Federung wegen des besseren Ansprechverhaltens nicht zu hart und die Dämpfung muss entsprechend eingestellt sein.

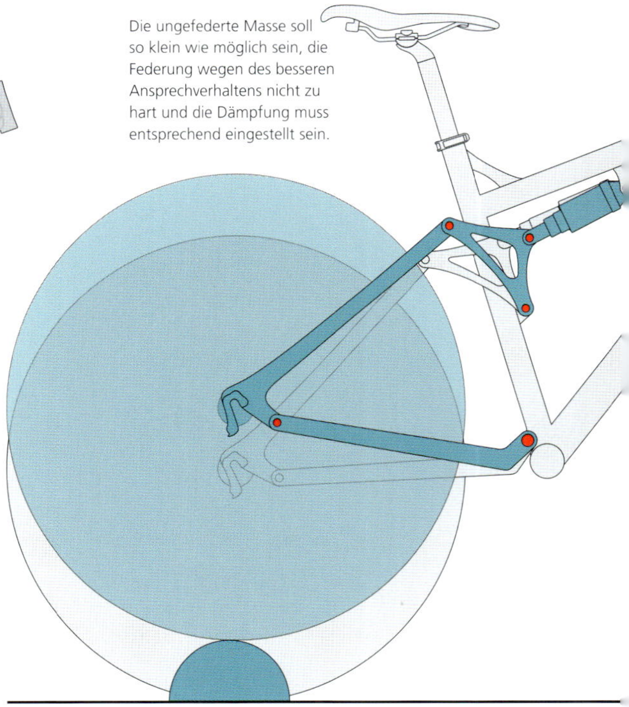

Die Feder wandelt die Stoß- in Schwingungsenergie um, der Dämpfer entzieht dem System in einem bestimmten Bereich (Resonanz) Energie.

Unterscheiden muss man zwischen der Phase der Druckstufendämpfung, die das Einfedern beeinflusst, und der Zugstufendämpfung, die das Ausfedern bremst.

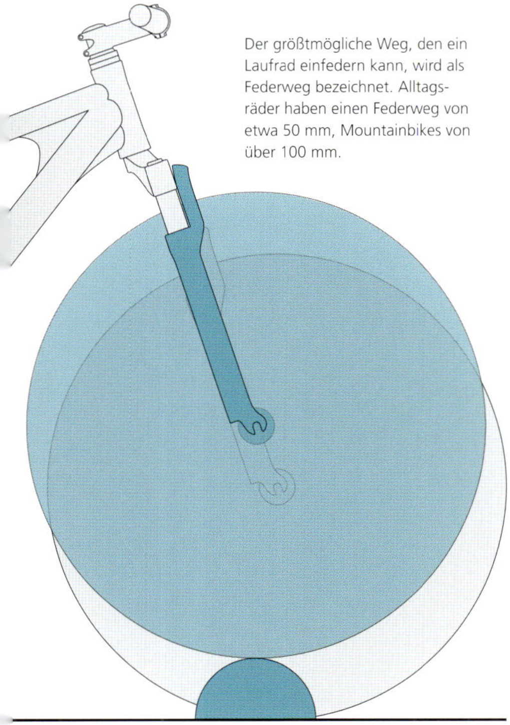

Der größtmögliche Weg, den ein Laufrad einfedern kann, wird als Federweg bezeichnet. Alltagsräder haben einen Federweg von etwa 50 mm, Mountainbikes von über 100 mm.

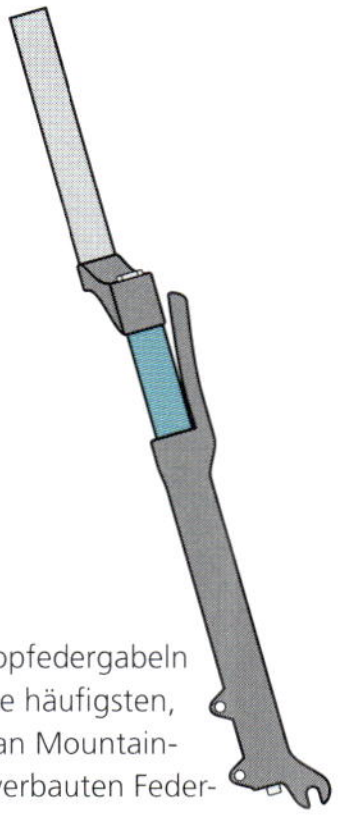

Teleskopfedergabeln sind die häufigsten, meist an Mountainbikes verbauten Federgabeln.

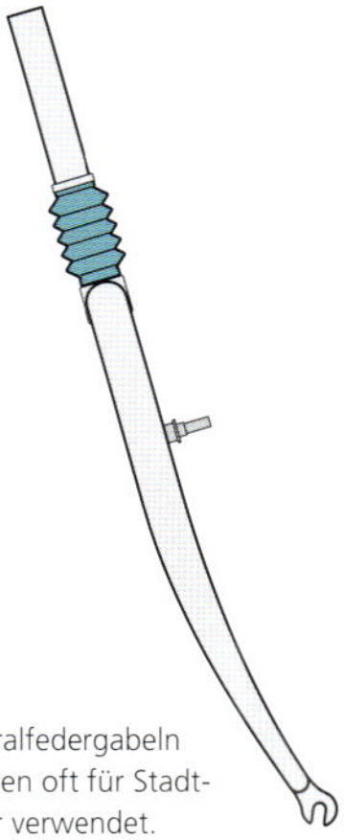

Zentralfedergabeln werden oft für Stadträder verwendet.

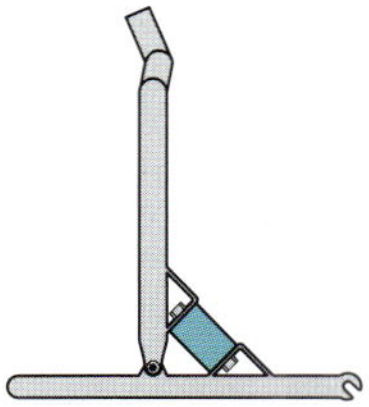

Die geschobene Schwinge ist typisch für Liegeräder. Darüber hinaus gibt es noch weitere Bauformen gefederter Gabeln, die seltener zu finden sind.

Bei Teleskopfedergabeln gleiten die Tauchrohre, an denen das Vorderrad befestigt ist, über die am Gabelkopf befestigten Standrohre. Die Federung drückt die Tauchrohre wieder zurück. Die Dämpfung verhindert ein Nachschwingen der Gabel. Bei hochwertigen Gabeln sind sowohl Federung als auch Dämpfung individuell einstell- oder blockierbar.

Fahrradtypen

Cityräder

Cityräder sind bequeme Alltagsfahrräder für Fahrten in der Stadt. Darüberhinaus sollen sie stabil und wartungsarm sein.

Ein langer Radstand und der flache Lenkrohrwinkel sorgen für Laufruhe und gute Geradeauslaufeigenschaften. Die aufrechte Körperhaltung ist auf kurzen Strecken bequem und erlaubt eine gute Übersicht. Es werden oft Einrohrrahmen verwendet, die ein komfortables und sicheres Auf- und Absteigen ermöglichen.

Komfortabler Tiefeinsteigerrahmen mit langem Radstand und flachem Lenkrohrwinkel

Meist Nabenschaltungen mit 3-9 Gängen

Tretkurbel mit einem Kettenblatt, Blockpedalen und Kettenschutz

26 oder 28 Zoll Laufräder mit stabilen Felgen und breiten Straßenreifen

Rücktrittbremse oder andere wartungsarme Bremssysteme

Komfortlenker und verstellbarer Vorbau

Bequemer Sattel und gefe-derte Sattelstütze

Lichtanlage, Schutzbleche und Gepäckträger

Trekkingräder

Trekkingräder sind Allroundfahrräder, die sich sowohl für Alltagsfahrten als auch für längere Radtouren eignen sollen.

Ein kürzerer Radstand und der leicht steilere Lenkrohrwinkel sorgen für ein agileres, aber immer noch komfortables Fahrverhalten. Es werden oft Diamant- und Trapezrahmen verwendet, die für Stabilität und Seitensteifigkeit sorgen. Die Laufradgröße beträgt meist 28 Zoll.

Stabiler Trapezrahmen mit kürzerem Radstand und steilerem Lenkrohrwinkel

Kettenschaltungen mit bis zu 30 oder Nabenschaltungen mit bis zu 14 Gängen

Tretkurbel mit einem oder mehreren Kettenblättern und Block- oder Kombipedalen

Meist 28 Zoll Laufräder mit stabilen Felgen und schmaleren Allroundreifen

Verschiedene Felgen- oder Scheibenbremsen

Multipositionslenker und verstellbarer Vorbau

Tourensattel

Lichtanlage, Schutzbleche und Gepäckträger

Rennräder

Rennräder sind Sportgeräte, die für den Wettkampf und hohe Geschwindigkeiten gebaut sind. Sie sollen leicht sein und eine auf Wendigkeit hin optimierte Geometrie haben.

Ein kurzer Radstand und der steile Lenkrohrwinkel sorgen für Beweglichkeit, verringern aber die Laufruhe und die Geradeauslaufeigenschaften. Nur für den Sport erforderliche Komponenten sind angebracht.

Leichter Rahmen mit kurzem Radstand und steilem Lenkrohrwinkel

Kettenschaltungen mit bis zu 22 oder 33 Gängen

Tretkurbel mit Systempedalen und 2 oder 3 Kettenblättern

Laufräder mit Tropfenfelgen, Messerspeichen und schmalen Hochdruckreifen

Zweigelenks-Seitenzug-bremsen

Rennbügel mit Bremsschalt-hebeln

Rennsattel

Kein Zubehör wie Licht, Schutzbleche oder Ähnliches

Mountainbikes

Mountainbikes (MTBs) sind ebenfalls Sportgeräte und für das Fahren auf unbefestigten Wegen ausgelegt. Typen für verschiedene Sportarten, wie Cross, Enduro oder Downhill unterscheiden sich. Aber auch im Alltag in der Stadt sind sie weit verbreitet.

Kleine, robuste Rahmen und breite Reifen mit grobstolligem Profil, meist mit 26 Zoll Durchmesser, machen die Räder besonders geländetauglich. Die vollgefederten Ausführungen bezeichnet man als Fullies, die ungefederten als Hardtails.

Eine neuerer Trend sind Mountainbikes mit 29 und 27,5 Zoll Reifen oder mit elektrischer Antriebsunterstützung.

Stabiler, kleiner Rahmen mit kurzem Radstand und steilem Lenkrohrwinkel

Tretkurbel mit MTB-Pedalen und 3 Kettenblättern

MTB-Schaltung mit bis zu 30 Gängen oder 14-Gang-Nabenschaltung

26-Zoll-Laufräder mit stabilen Felgen und breiten Stollenreifen

Hydraulische Scheibenbremsen

Breiter MTB-Lenker

Rennsattel

Kein Zubehör wie Licht, Schutzbleche oder Ähnliches

Tandems

Tandems sind Fahrräder für zwei Personen. Der vordere Fahrer wird Kapitän, der hintere Heizer genannt. Es gibt sie als Touren-, Renn- oder MTB-Tandems.

Rahmen und Laufräder des Tandems müssen wegen der höheren Gewichtsbelastung stabiler als bei normalen Rädern ausgeführt sein. Da zwei Fahrer in die Pedale treten, der Roll- und Luftwiderstand aber einem normalen Fahrrad entspricht, kann mit einem Tandem schneller gefahren werden. Auch unterschiedlich starke Fahrer kommen gemeinsam gleich schnell voran.

Stabiler, verstärkter Rahmen

Zwei Kurbelsätze, die über eine extra Kette verbunden sind

Kettenschaltungen mit bis zu 30 oder Nabenschaltungen mit bis zu 14 Gängen

26- oder 28-Zoll-Laufräder mit besonders stabilen Felgen und Speichen

Leistungsfähige Felgen- oder Scheibenbremsen

Lenker und Sättel je nach Einsatzzweck

Zubehör wie Licht, Schutzbleche oder Gepäckträger je nach Verwendung

Falträder

Falträder besitzen Scharniere, Schnellspanner und Kupplungen, die ein schnelles Zusammenfalten zum Transport oder zur Aufbewahrung ermöglichen. In Städten sind sie verbreiteter, da sie gefaltet in jedem öffentlichen Verkehrsmittel mitgenommen werden können.

Hochwertige Modelle lassen sich beinahe so komfortabel fahren wie normale Fahrräder. Und man kann sie sehr klein zusammenfalten. Wegen der meist kleinen Laufräder verfügen sie oft über eine Federung.

Falträder dürfen umsonst in Züger mitgenommen werden. Auch in solchen, in denen ein normales Fahrrad nicht befördert werden darf.

Klein zusammenfaltbarer Rahmen

Alle Arten von Schaltungen

16- bis 28-Zoll-Räder

Meist Felgenbremsen

Lenker und Sättel je nach Einsatzzweck

Zubehör wie Licht und Schutzbleche je nach Verwendung

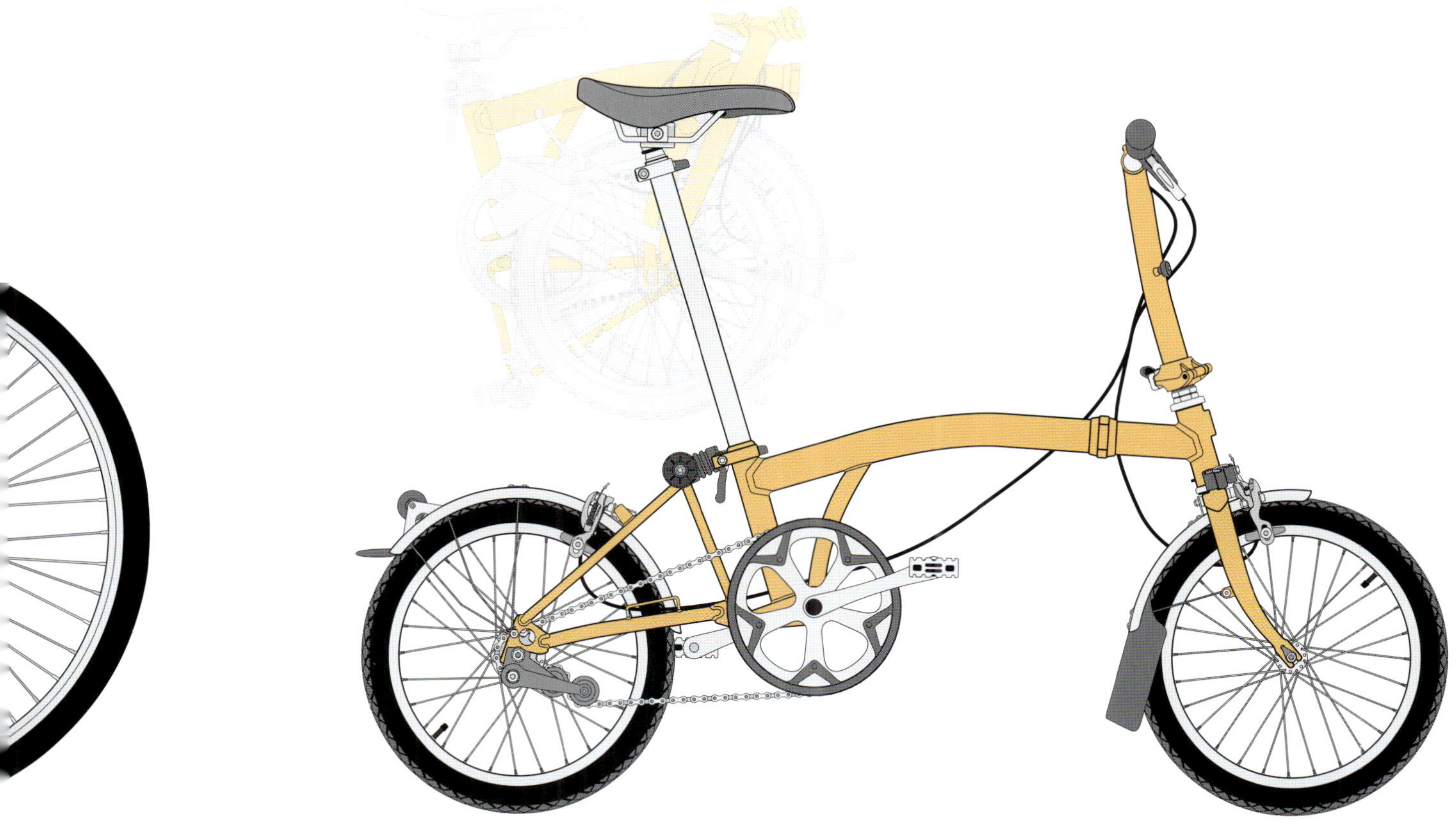

Liegeräder

Liegeräder sind niedrige, mit einer nach hinten geneigten Sitzschale ausgestattete Fahrräder. Der Antrieb befindet sich vorn, ungefähr auf Höhe der Sitzfläche. Es gibt sie in ein- und mehrspuriger Ausführung, die sich in den Fahreigenschaften deutlich unterscheiden.

Auf dem Liegerad sitzt man in einer nach hinten geneigten, entspannten Haltung. Gesäß, Rücken, Nacken und Hände werden weniger belastet, als beim normalen Radfahren und der Luftwiderstand ist geringer. Daher ist es ein ideales Tourenfahrrad. Im Stadtverkehr hat man durch die geringe Höhe eine eingeschränkte Übersicht und wird von Autofahrern auch schlechter gesehen. Einspurige Fahrzeuge lassen sich in Kurzlieger, bei denen das Tretlager vor dem Vorderrad liegt und Langlieger unterscheiden.

Individuell gefertigter Rahmen mit großdimensioniertem Zentralrohr

Lange Kette mit Spannrollen

Kettenschaltungen mit bis zu 30 oder Nabenschaltungen mit bis zu 14 Gängen

Hinten größeres Laufrad als vorne

Felgen- oder Scheibenbremsen

Kein Sattel, dafür eine Sitz- oder Liegeschale

Lenkung als Unter- oder Oberlenkung, direkt oder indirekt

Zubehör wie Licht und Schutzbleche je nach Verwendung

Pedelecs

Pedelec ist ein Kunstwort und bedeutet Pedal Electric Cycle. Es bezeichnet eine Form des Elektrofahrrades, bei dem der Motor, nur während des Tretvorganges und bis zu einer Höchstgeschwindigkeit von 25 km/h zugeschaltet wird.

Die Motorunterstützung wird elektronisch abgeregelt, sobald eine Höchstgeschwindigkeit von 25 km/h erreicht wird. Deshalb ist es zulassungsfrei und es besteht keine Versicherungs- oder Helmpflicht.

Stärkere und schnellere Varianten sind versicherungs-, helm- und führerscheinpflichtig.

Stabiler Rahmen

Ketten- oder Nabenschaltung

26- oder 28-Zoll-Räder

Leistungsfähige Scheiben- oder Felgenbremsen

Fast alle Fahrradtypen gibt es auch als Pedelecvariante, daher unterscheiden sich auch die Ausstattungen

Front-, Naben- oder Mittelmotoren, verschiedene Akkusysteme

Transporträder

Transport- oder Lastenräder transportieren schwere oder sperrige Lasten. Früher oder auch heute noch in Ländern mit geringerer Motorisierung, waren und sind sie weit verbreitet. Auch in Europa erleben sie eine Renaissance.

Verstärkte Rahmen und ein dem Transportzweck angemessener Aufbau mit entsprechender Lastenverteilung sorgen dafür, dass das Fahrrad trotz der hohen Zuladung noch gut und sicher zu fahren ist.

Es gibt Lastenräder für viele unterschiedliche Transportaufgaben. Vom Kindertransport über Post und Sperrgüter bis hin zu Kühlgütern, fast alles kann mit einem Transportfahrrad befördert werden.

Stabiler verstärkter Rahmen

Fest angebrachte Transportbehälter

Robuste Nabenschaltung, manchmal auch Elektrounterstützung

Oft unterschiedliche Laufradgrößen

Ein- oder mehrspurige Ausführung

Zubehör wie Licht und Schutzbleche je nach Verwendung

BMX

BMX ist die Abkürzung für Bicycle Moto Cross und ist eine bereits Ende der 60er Jahre in den USA entstandene Sportart.

Waren die kleinen Räder ursprünglich nur für Geländerennen auf speziellen Crossstrecken konstruiert, gehören heute Sprünge und Akrobatik zu den BMX-Wettbewerben. Es gibt dabei verschiedene Freestyle-Disziplinen wie Dirt Jump, Street oder Park. Dabei müssen die Fahrräder höchsten Belastungen standhalten.

Sehr stabiler und belastbarer Rahmen

Keine Schaltung, aber einen Freilauf

Meist 20-Zoll-Räder

Eine U- oder V-Bremse am Hinterrad

Hoher V-förmiger Lenker mit verstärkender Querstrebe

Verstärkte Felgen und bis zu 48 Speichen

Übergroße Tretlagerachsen

Steuerung

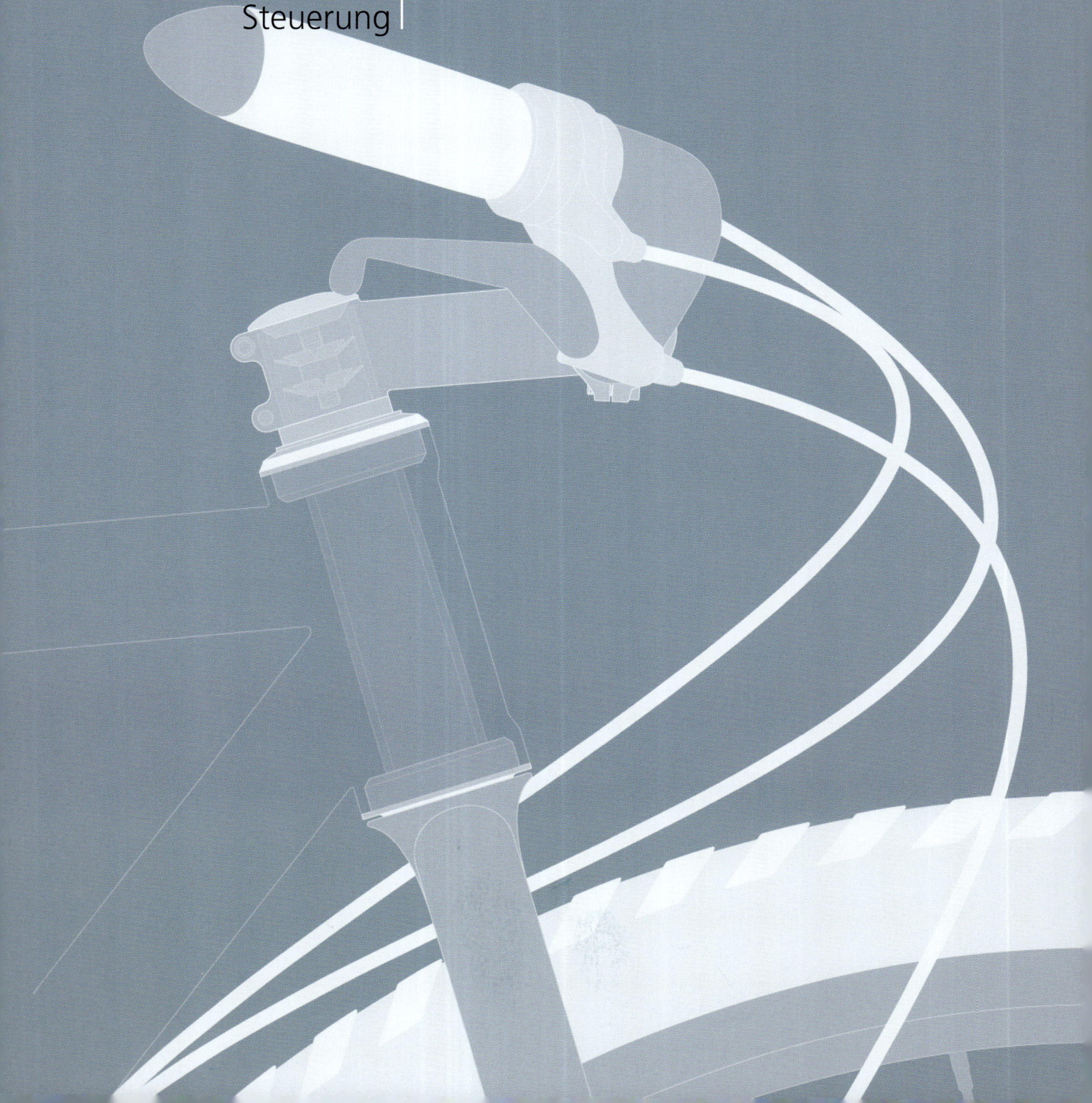

Gabeln

Über die Gabel sind Vorderrad und Lenker drehbar mit dem Rahmen verbunden.

Gabel, Steuersatz und Vorbau müssen zueinander passen. Gabeln mit Gewindeschaft erfordern einen konventionellen Steuersatz und einen Vorbau mit Schaft. Für dessen Auswahl ist das Innenmaß bestimmend. Bei gewindelosen Gabelschäften ist das Schaftaußenmaß ausschlaggebend.

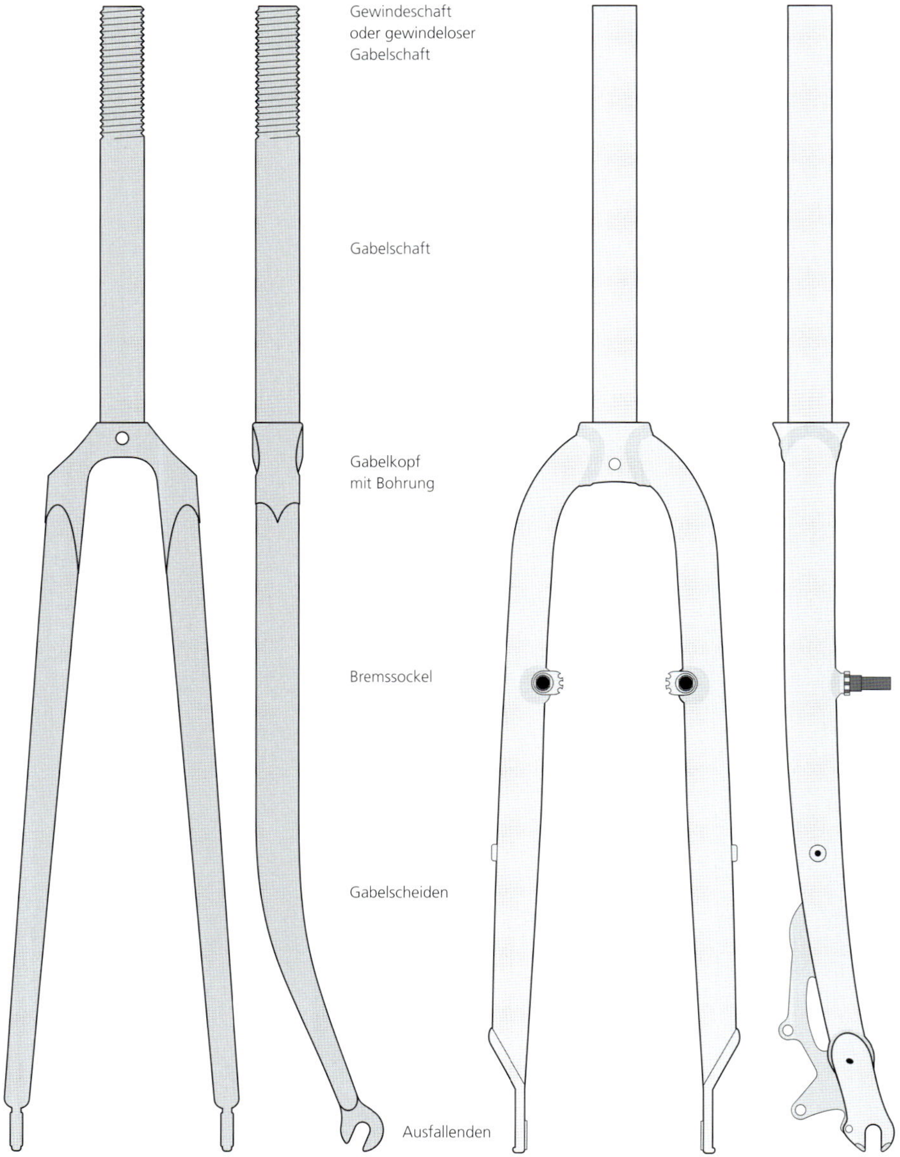

Der Nachlauf ist der Abstand zwischen dem Aufstandspunkt des Vorderrades und der gedachten Verlängerung der Lenkachse.

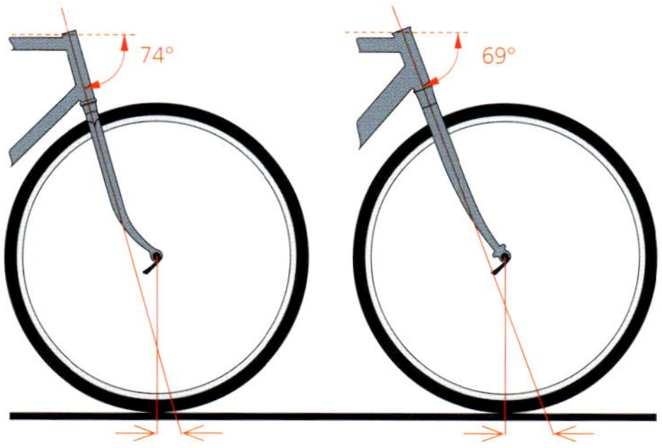

Ein steiler Steuerwinkel und eine große Gabelvorbiegung verkleinern den Nachlauf. Dadurch lässt sich das Fahrrad bei niedrigen Geschwindigkeiten leichter steuern. Bei schnellerer Fahrt wird das Geradeausfahren schwieriger. Rennräder haben einen kleinen Nachlauf.

Ein flacher Steuerwinkel und eine kleine Gabelvorbiegung vergrößern den Nachlauf. Dadurch verbessert sich das Geradeausfahrverhalten. Bei langsamer Fahrt wird das Lenken schwergängiger. Hollandräder haben einen großen Nachlauf.

Die klassische Stahlgabel hat Gabelscheiden, die im oberen Bereich einen Durchmesser von ca. 24 mm haben und zu den Ausfallenden hin schlanker werden (ca.12 mm). Durch unterschiedliche Gabelbiegungen kann das Fahrverhalten beeinflusst werden. Das Gewicht beträgt etwa 1 kg.

Bei Unicrown-Gabeln sind die Gabelscheiden im oberen Bereich gebogen und direkt mit dem Gabelschaft verschweißt. Diese Herstellungsweise ist günstiger als die mit Muffen. Sie sind oft aus Aluminium und benötigen einen größeren Biegeradius und eine größere Materialstärke. Das Gewicht beträgt etwa 1 kg.

Gängige Gabelmaße:	Schaftaußenmaß	Schaftinnenmaß
	1 Zoll / 25,4 mm	22,2 mm
	11/8 Zoll / 28,6 mm	25,4 mm
	11/4 Zoll / 31,75 mm	28,6 mm

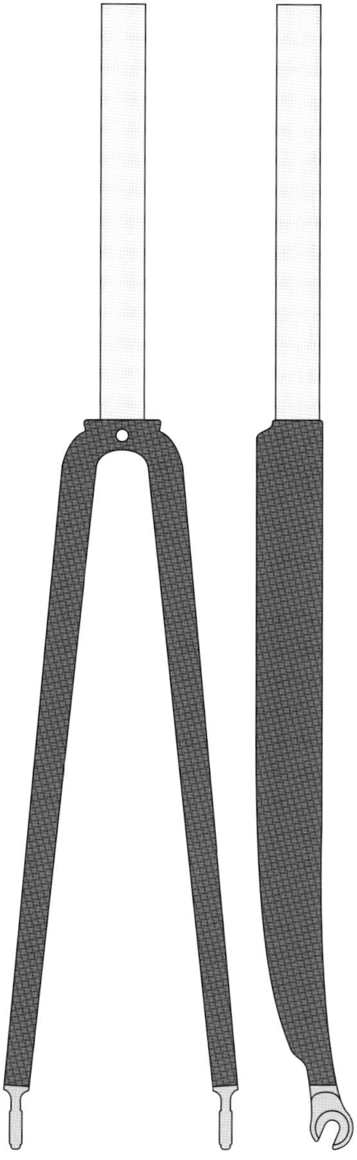

Carbongabeln sind leichter als Aluminiumgabeln und teurer. Sie sind sehr haltbar, können aber bei Überlastung z.B. durch einen Unfall spontan brechen. Bei der Montage von Steuersatz und Vorbau müssen die Herstellerangaben, wie Anzugsmomente der Schrauben genau beachtet werden.

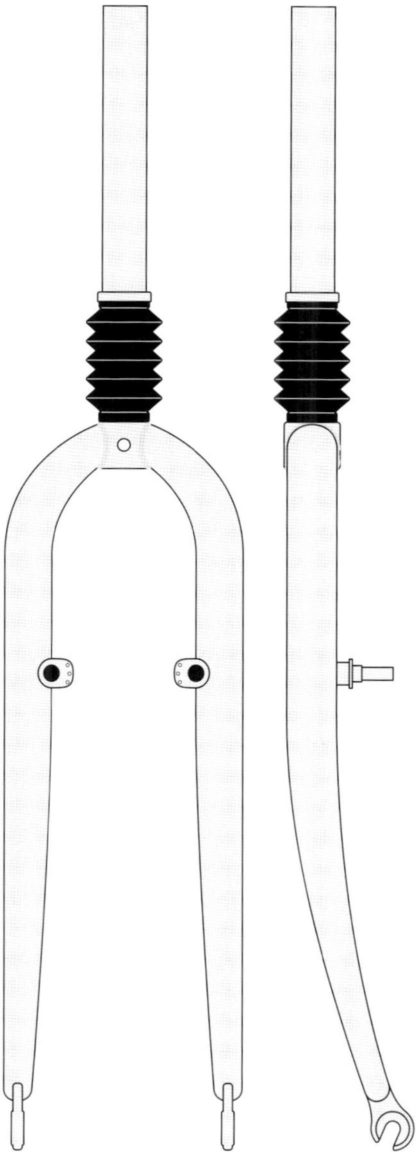

Bei der Zentralfedergabel befindet sich die Federung im Gabelschaftrohr. Die Technik ist sehr aufwändig und der Federweg relativ gering. Die Gabel ist verwindungssteif und erlaubt die Verwendung aller Arten von Bremsen. Das Gewicht beträgt etwa 1,3 kg.

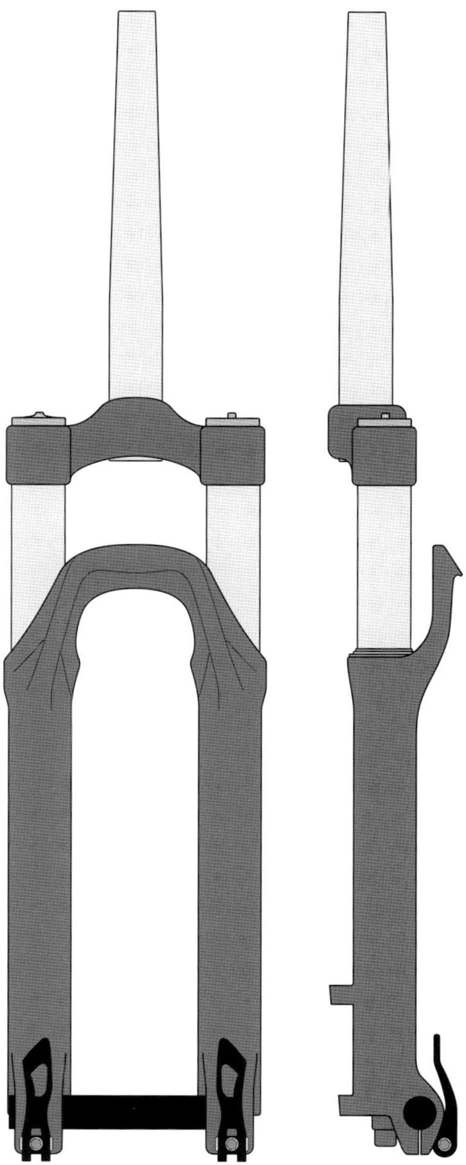

Bei der Teleskopfedergabel gleiten die inneren Standrohre in die äußeren Tauchrohre. Im Inneren befinden sich einstel bare Federungen und Dämpfer, über die sich die Gabel auf Fahrergewicht und Untergrund individuell einstellen läßt. Das Gewicht beträgt zwischen 1,5 und 2,5 kg.

Gewindesteuersätze

Als Steuersätze werden die Lenkkopflager bezeichnet, in denen die Fahrradgabeln gelagert sind. Es gibt sie für Gabeln mit Gewindeschaft und gewindelose Gabeln.

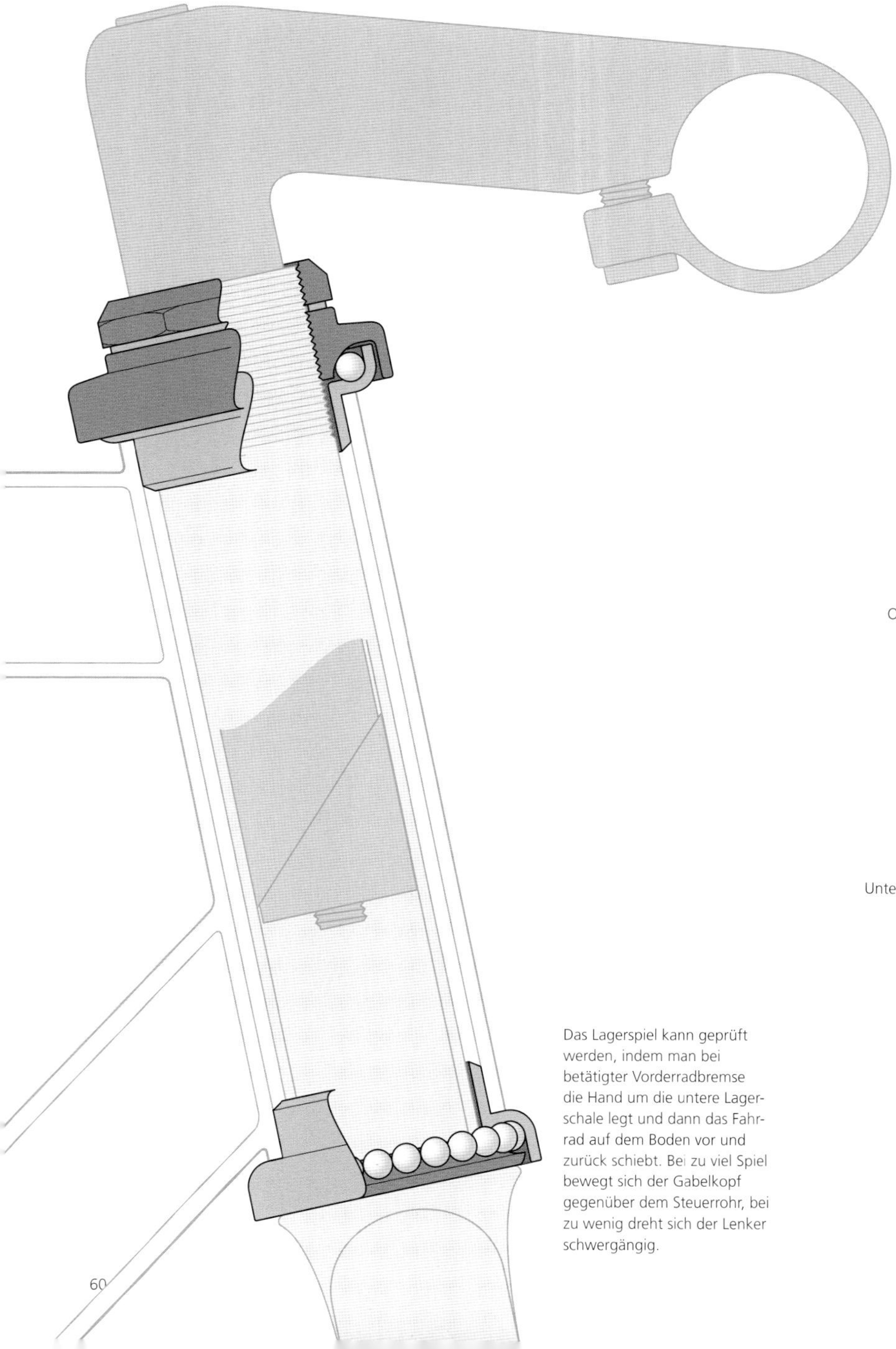

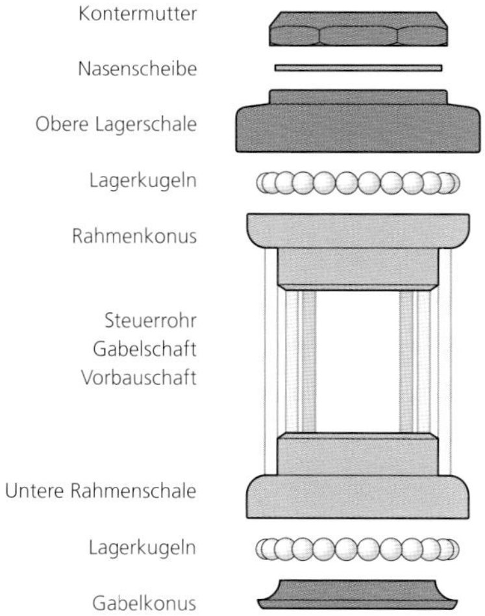

Das Lagerspiel kann geprüft werden, indem man bei betätigter Vorderradbremse die Hand um die untere Lagerschale legt und dann das Fahrrad auf dem Boden vor und zurück schiebt. Bei zu viel Spiel bewegt sich der Gabelkopf gegenüber dem Steuerrohr, bei zu wenig dreht sich der Lenker schwergängig.

Vorbauten für Gewindesteuersätze

Mit Hilfe unterschiedlich langer und gewinkelter Vorbauten lässt sich der Abstand zwischen Lenker und Sattel und damit die Haltung auf dem Fahrrad verändern.

Bei Gewindegabeln kann der Vorbau unterschiedlich weit in den Gabelschaft gesteckt und so die Lenkerhöhe verändert werden. Dazu muss nur die Spannschraube des Vorbaus und nicht der Steuersatz gelöst werden.

Steuersatzdurchmesser in Zoll	1	$1\frac{1}{8}$	$1\frac{1}{4}$
Gabelkonus	26,4 mm	30,0 mm	33,0 mm
Rahmenschalen	30,2 mm	34,2 mm	37,0 mm
Gabelschaft-Außendurchmesser	25,4 mm	28,6 mm	31,7 mm
Vorbauschaft = Gabelschaft innen	22,2 mm	25,4 mm	28,6 mm

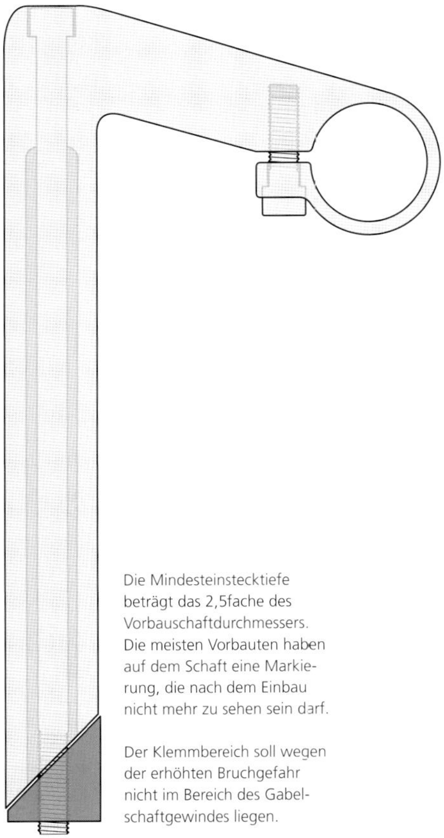

Die Mindesteinstecktiefe beträgt das 2,5fache des Vorbauschaftdurchmessers. Die meisten Vorbauten haben auf dem Schaft eine Markierung, die nach dem Einbau nicht mehr zu sehen sein darf.

Der Klemmbereich soll wegen der erhöhten Bruchgefahr nicht im Bereich des Gabelschaftgewindes liegen.

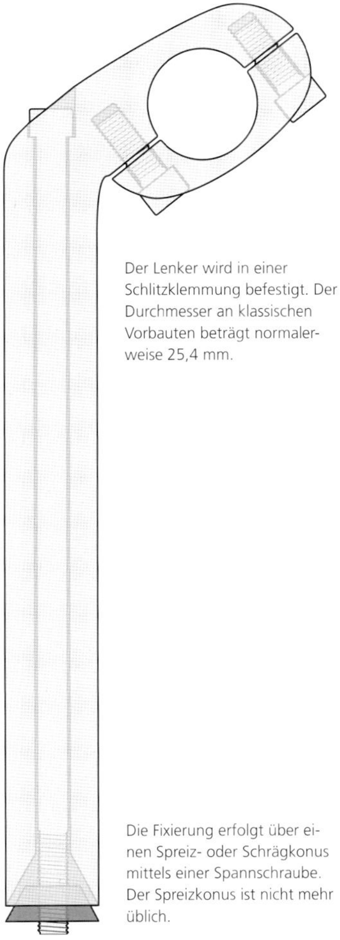

Der Lenker wird in einer Schlitzklemmung befestigt. Der Durchmesser an klassischen Vorbauten beträgt normalerweise 25,4 mm.

Die Fixierung erfolgt über einen Spreiz- oder Schrägkonus mittels einer Spannschraube. Der Spreizkonus ist nicht mehr üblich.

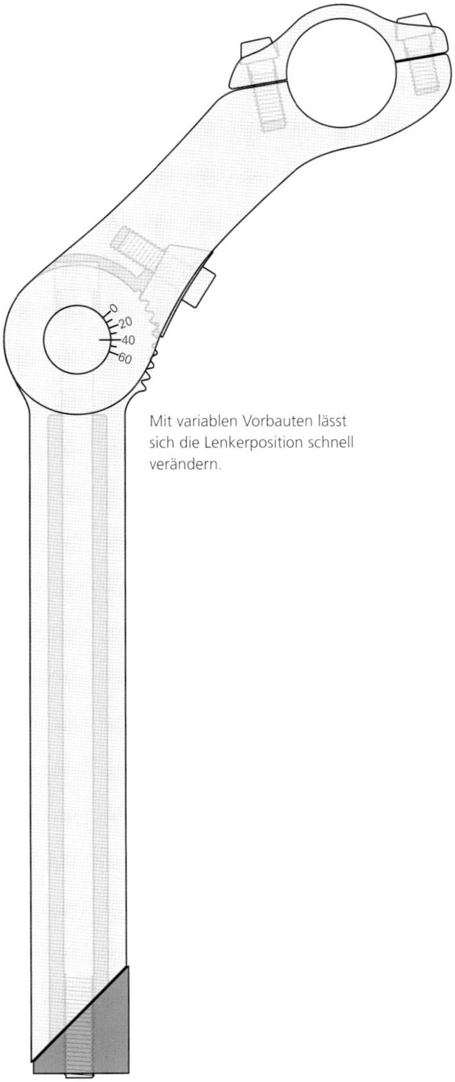

Mit variablen Vorbauten lässt sich die Lenkerposition schnell verändern.

Gewindelose Steuersätze

Im Gegensatz zum konventionellen Steuersatz benötigt dieser den passenden Vorbau, um den Gabelschaft im Steuerrohr zu befestigen. Er wird nicht geschraubt, sondern mit einer in den Gabelschaft eingeschlagenen Kralle eingestellt.

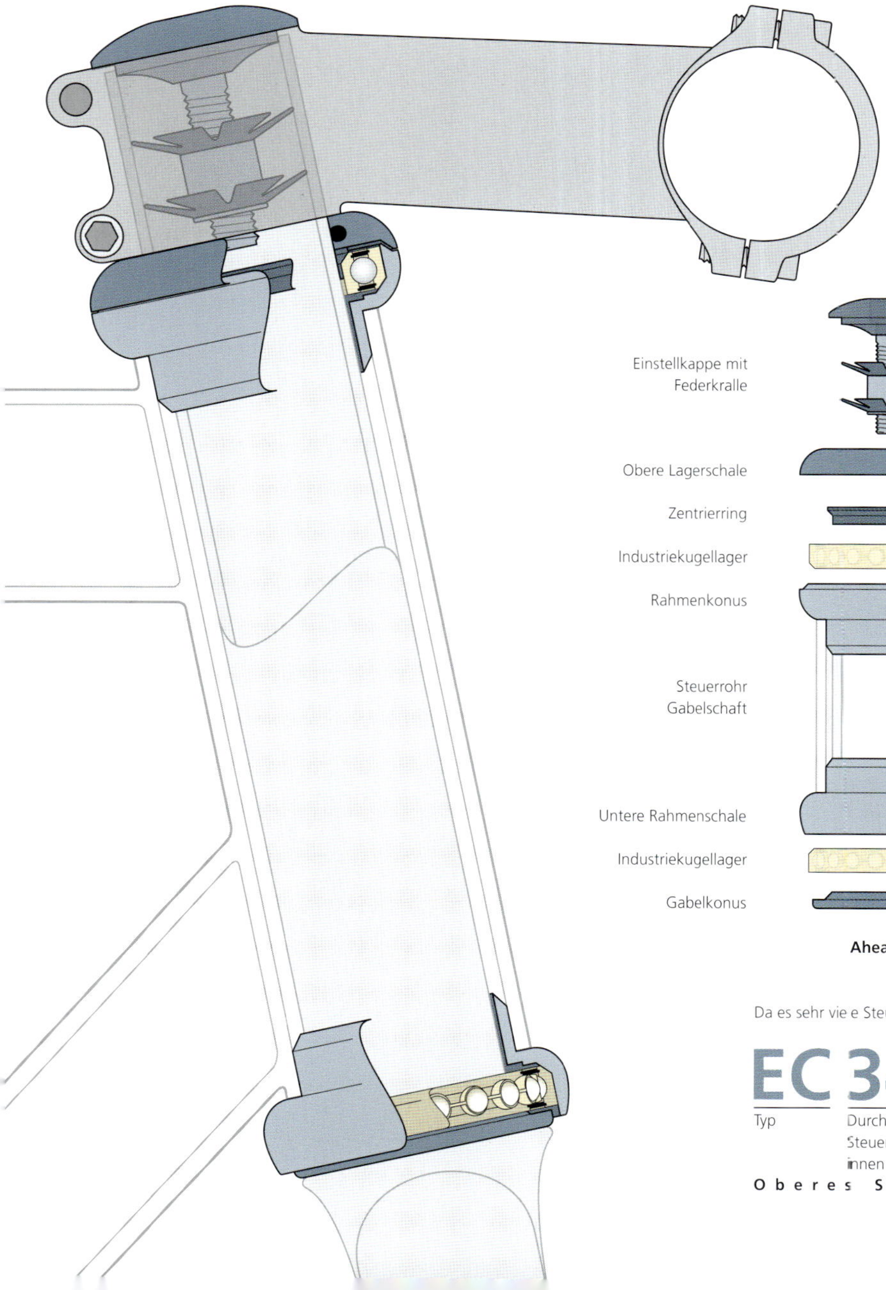

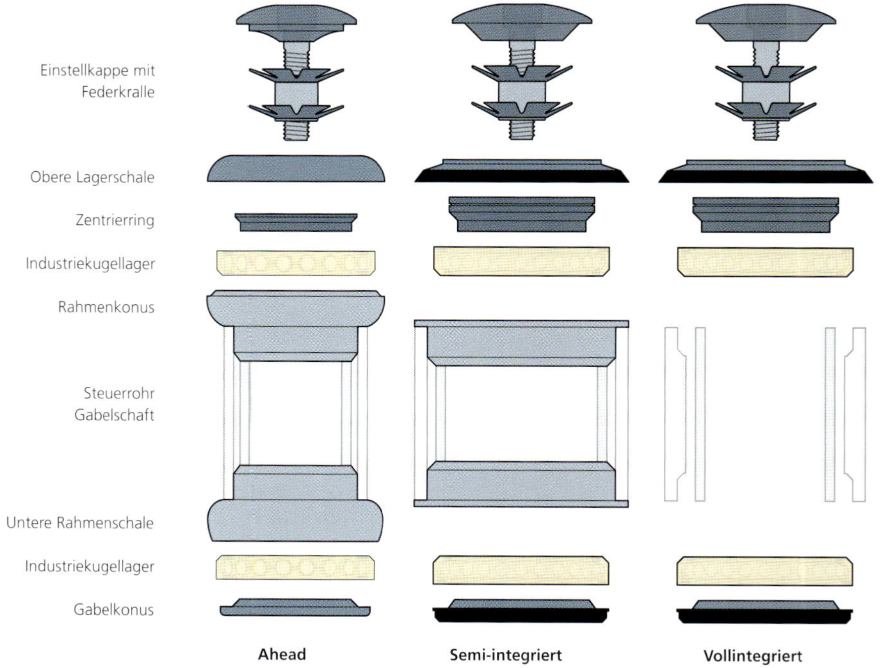

Da es sehr viele Steuersatztypen und -größen gibt, existiert ein einheitliches Bezeichnungssystem.

EC	34 /	28.6	EC	34 /	30
Typ	Durchmesser Steuerrohr innen	Durchmesser Gabelschaft	Typ	Durchmesser Steuerrohr innen	Durchmesser Gabelschaft
Oberes Steuersatzteil			**Unteres Steuersatzteil**		

Vorbauten gewindeloser Steuersätze

Bei gewindelosen Gabeln ist der Vorbau ein Bestandteil des Steuersatzes, da durch ihn die Befestigung der Gabel im Steuerrohr erfolgt.

Diese Vorbauten sind durch die Außenklemmung stabiler als konventionelle. Allerdings lässt sich die Lenkerhöhe nachträglich nicht mehr so einfach verstellen wie mit den klassischen Vorbauten.

Um eine gewindelose Gabel auszutauschen, muss der Schaft meist abgesägt werden. Die richtige Länge errechnet sich folgendermaßen:
Länge Steuerrohr
+ Einbauhöhe Steuersatz
+ Höhe Zwischenringe
+ Höhe Vorbauklemmung
– etwa 3 mm Freiraum

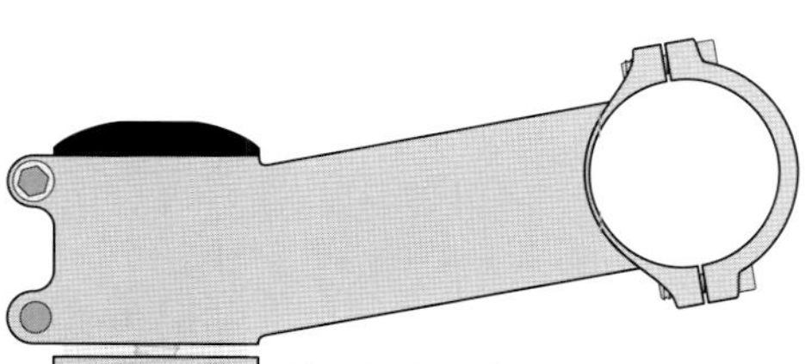

Die Höhe des Vorbaus an einer gewindelosen Gabel wird durch Unterlegen von Zwischenringen (Spacern) verstellt.

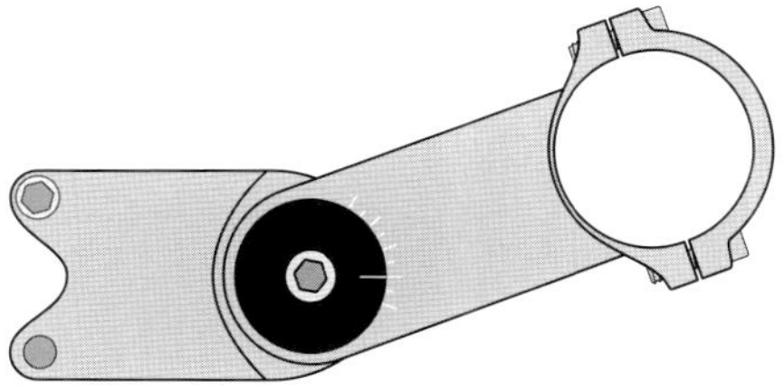

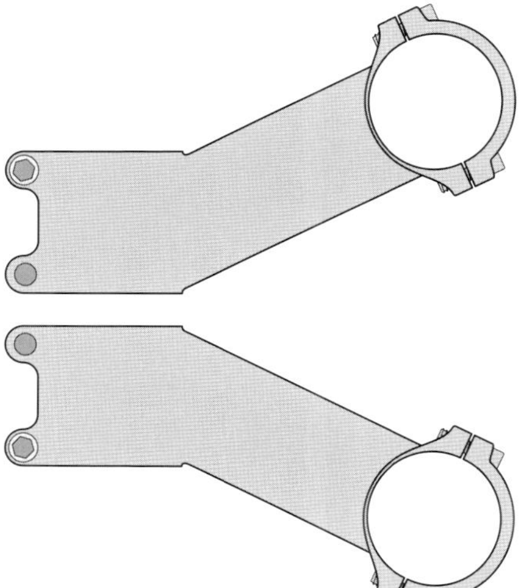

Mit variablen Vorbauten lässt sich die Lenkerposition schnell verändern. Auch durch das Umdrehen eines gewinkelten Vorbaus lässt sich die Höhe verstellen.

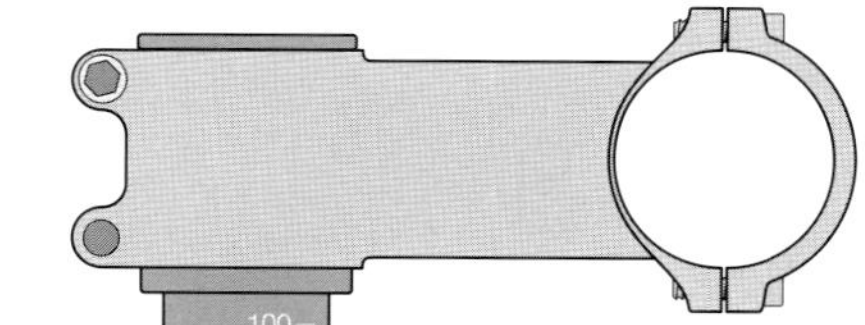

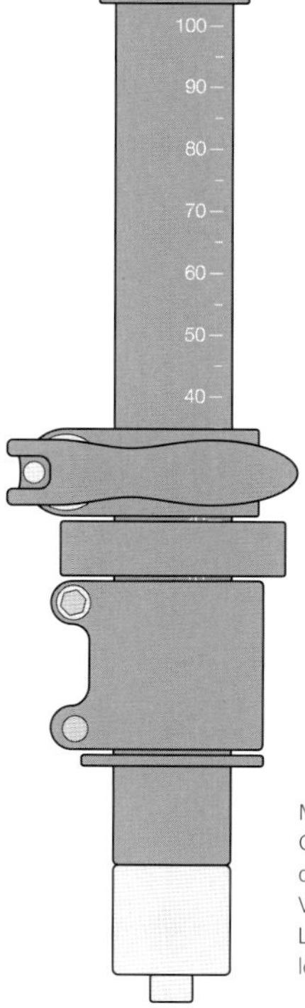

Mit einem Adapter, der im Gabelschaft befestigt und an dem oben ein normaler Ahead-Vorbau montiert wird, kann die Lenkerhöhe schnell und stufenlos eingestellt werden.

Lenker

Mit dem Lenker wird sowohl das Fahrrad gesteuert als auch der Oberkörper abgestützt. Neben den Griffen sind auch Armaturen wie Bremshebel, Schalthebel oder Klingel angebracht.

Lenker und Vorbau bestimmen hauptsächlich die Sitzhaltung des Fahrers. Der Lenkerbügel soll durch passende Breite und Winkelung die anatomisch richtige Griffstellung für die Hände ermöglichen.

Es gibt Standardbügel für eine und Bügel für mehrere Sitzhaltungen (Rennlenkerbügel, Multifunktionsbügel). Durch Zusatzteile wie Lenkerhörnchen kann die Zahl der Griffstellungen erhöht werden.

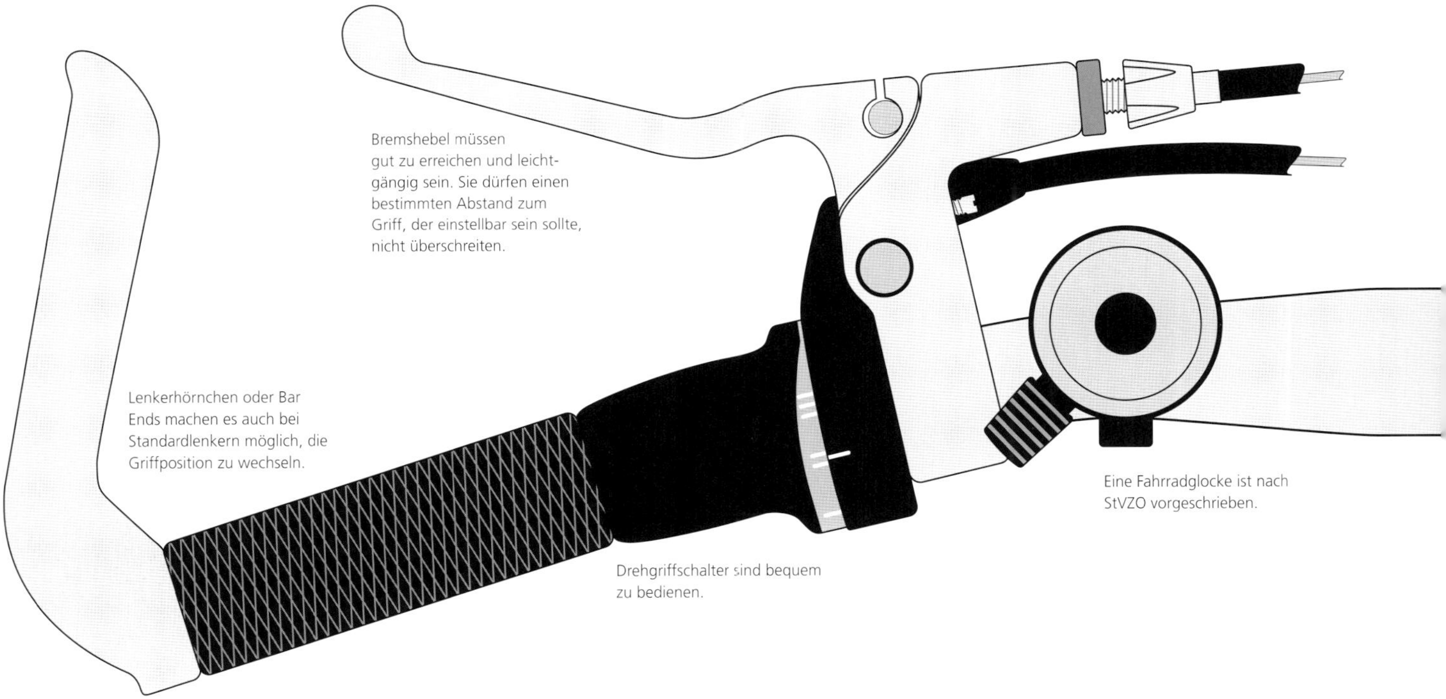

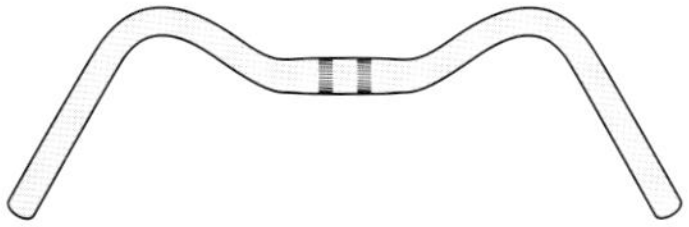

Standardlenker haben einen nach oben gezogenen und nach hinten weisenden Griffbereich. Die Körperhaltung ist aufrecht und die Handstellung verdrehungsfrei. Es gibt viele verschiedene, teilweise seit mehr als 100 Jahren verwendete Formen.

MTB-Lenker sind mit ihrer geraden Form und höheren Breite auf schwierige Fahrsituationen im Gelände ausgelegt. Die Hand- und Armstellung ist jedoch unnatürlich und bei längerem Fahren unangenehm.

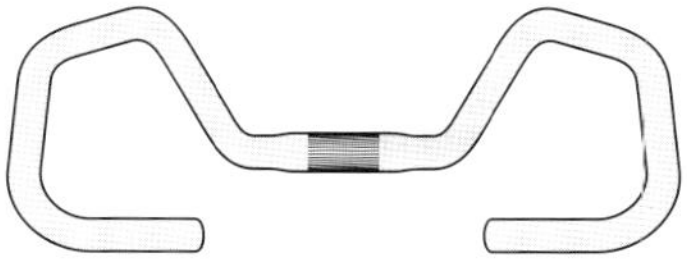

Multipositionslenker erlauben mehrere Griffhaltungen und können so Ermüdung oder Schmerzen in Händen und Armen vorbeugen.

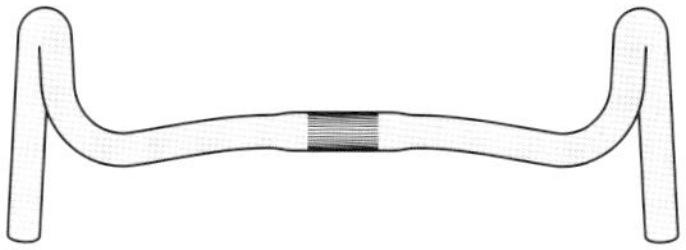

Rennlenker gestatten mehrere Griffpositionen. Die ergonomisch günstige Haltung mit um 45° nach vorne gebeugtem Oberkörper und die sportliche, aerodynamisch vorteilhafte Position.

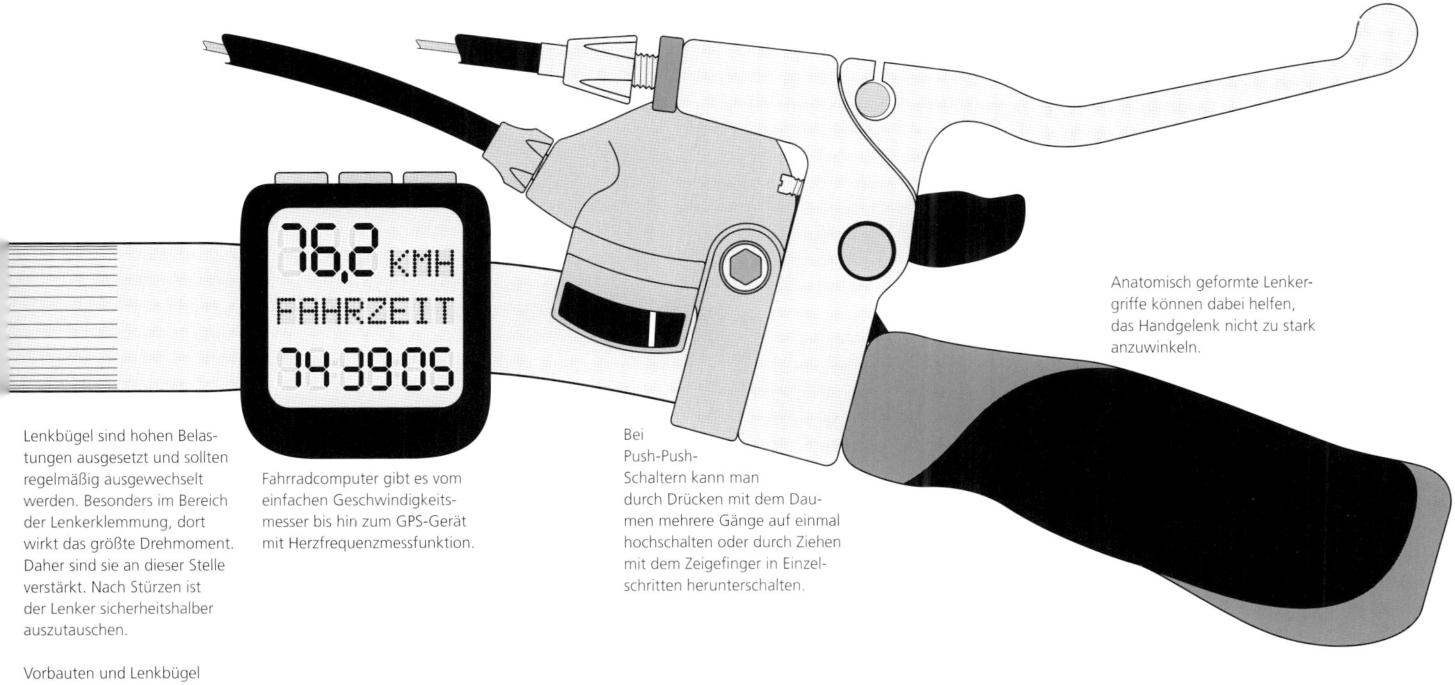

Anatomisch geformte Lenkergriffe können dabei helfen, das Handgelenk nicht zu stark anzuwinkeln.

Lenkbügel sind hohen Belastungen ausgesetzt und sollten regelmäßig ausgewechselt werden. Besonders im Bereich der Lenkerklemmung, dort wirkt das größte Drehmoment. Daher sind sie an dieser Stelle verstärkt. Nach Stürzen ist der Lenker sicherheitshalber auszutauschen.

Vorbauten und Lenkbügel sollten aus demselben Material bestehen.

Fahrradcomputer gibt es vom einfachen Geschwindigkeitsmesser bis hin zum GPS-Gerät mit Herzfrequenzmessfunktion.

Bei Push-Push-Schaltern kann man durch Drücken mit dem Daumen mehrere Gänge auf einmal hochschalten oder durch Ziehen mit dem Zeigefinger in Einzelschritten herunterschalten.

Lenkertyp	Material	Durchmesser Mitte	Durchmesser außen	Breite	Gewicht
Standard	Stahl/Alu	25,2–25,5 mm	22 mm	450–570 mm	400–800 g
MTB	Alu/Carbon	22,0–25,4 mm	22 mm	500–700 mm	200–500 g
Rennrad	Alu/Carbon	26,0–26,4 mm	23,8–24 mm	380–460 mm	150–550 g

Sättel

Der Fahrradsattel ist, neben Lenker und Pedalen, derjenige von drei Berührungspunkten, der beim Alltagsfahrrad das meiste Gewicht trägt.

Die Wahl des richtigen Sattels für die bevorzugte Sitzhaltung ist die wichtigste Voraussetzung dafür, ob man über einen längeren Zeitraum ohne Beschwerden radfahren kann.

Sitzposition, Fahrstil, und individuelle Anatomie sind neben anderen Faktoren die Auswahlkriterien für einen passenden Sattel.

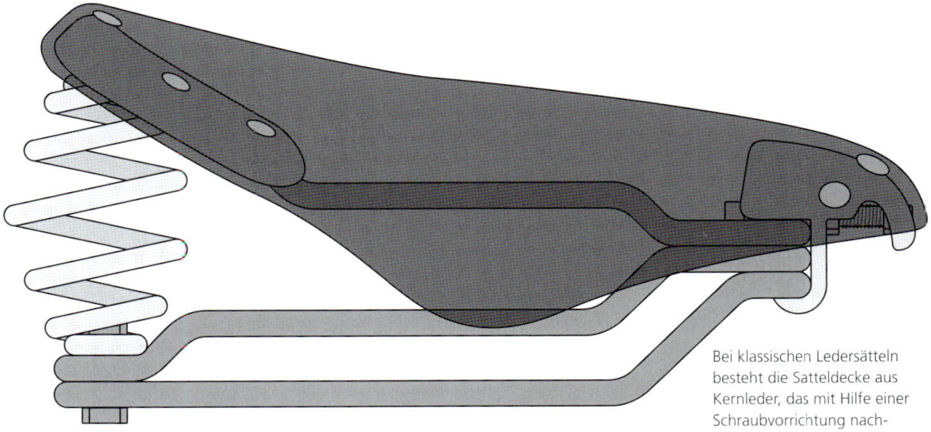

Bei klassischen Ledersätteln besteht die Satteldecke aus Kernleder, das mit Hilfe einer Schraubvorrichtung nachgespannt werden kann. Das Leder muss gepflegt und ein neuer Sattel eingefahren werden. Nässe schadet.

Zur Einstellung der annähernd richtigen Sattelhöhe wird der Sattel waagerecht ausgerichtet. Beim Sitzen mit gerader, nicht abgekippter Hüfte soll die Ferse bei durchgedrücktem Bein auf dem Pedal aufstehen. Während des Fahrens steht dann der Fußballen auf dem Pedal so auf, dass beim Pedalieren das Bein nie ganz durchgedrückt wird.

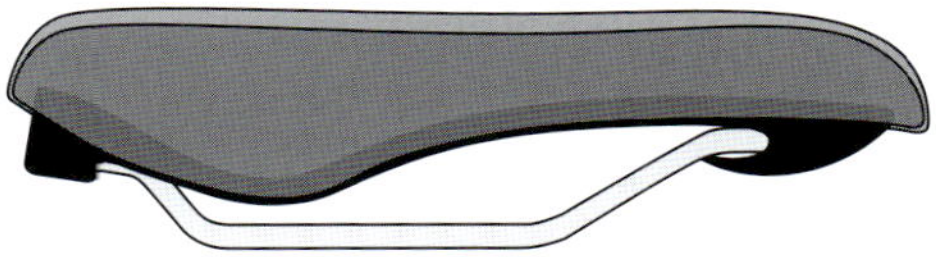

Bei Kunststoffsätteln ist das Gestell in eine Kunststoffschale eingelassen. Pflege und Nachspannen sind nicht nötig und Gelkissen in der Polsterung bewirken einen hohen Sitzkomfort.

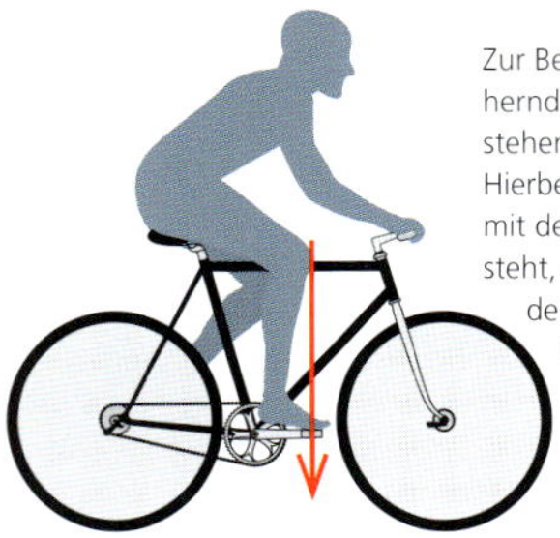

Zur Bestimmung der annähernd richtigen Sattelposition stehen die Pedale waagerecht. Hierbei soll, wenn der Fuß mit dem Ballen auf dem Pedal steht, eine Senkrechte von der Kniescheibe durch die Pedalachse verlaufen.

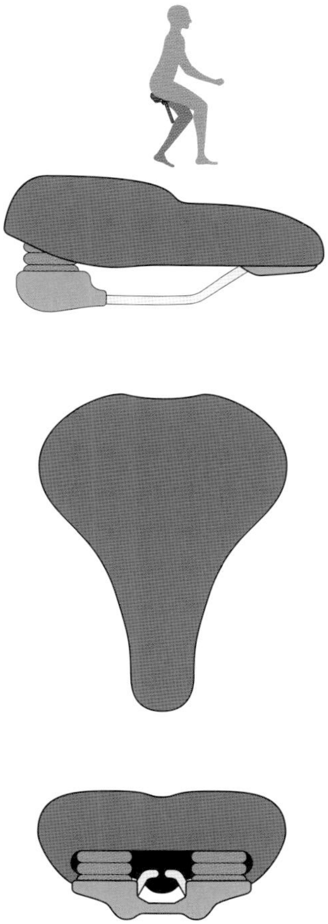

Bei aufrechter Sitzposition und kurzen Strecken ist ein breiter und weicher, gefederter Sattel am besten geeignet, da hierauf der größte Teil des Körpergewichtes lastet, das gleichmäßig verteilt werden soll.

Für mehrstündige Touren sollte der Sattel nicht zu weich und die Sattelnase schmal sein. So kann ein Wundreiben weitgehend vermieden werden.

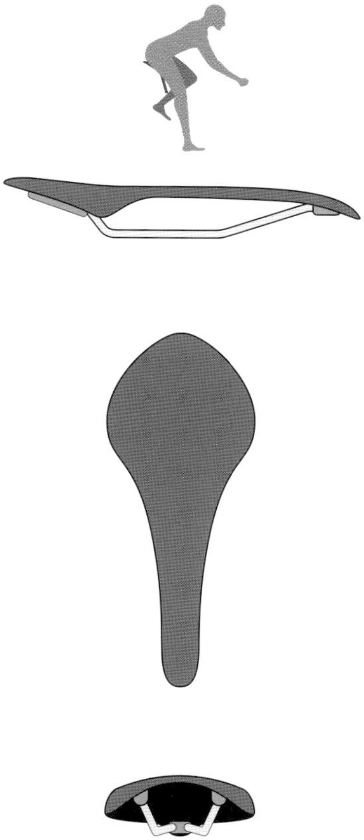

Rennradsättel bestehen im Extremfall nur aus Sattelgestell und Carbonschale ohne Polsterung. Da beim Rennradfahren der größere Teil des Körpergewichtes auf Lenker und Pedalen ruht, ist hier die Polsterung nicht so wichtig.

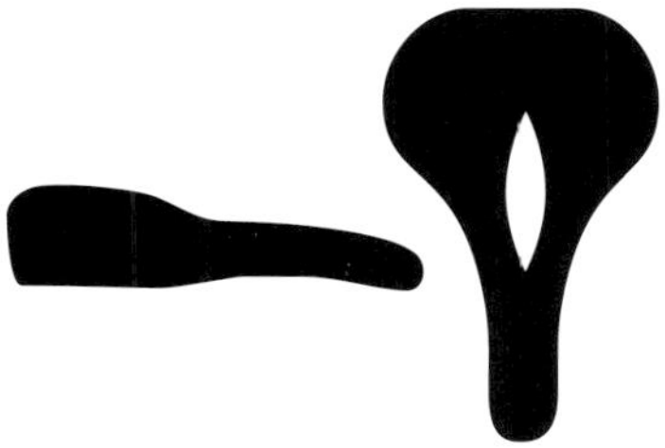

Um den druckempfindlichen Dammbereich bei nach vorne gebeugter Haltung zu entlasten, sind ergonomisch geformte Sättel mit einer Mulde versehen. Auch Aussparungen und abgesenkte Sattelnasen sollen diesen Zweck erfüllen.

Damensättel sind breiter und haben eine kürzere und schmalere Nase.

Sattelstützen

Sattelstützen sind Rohre aus Stahl, Aluminium oder Carbon, die den Sattel tragen und dessen Höhenverstellung oder Federung dienen.

Sattelstützen werden in das Sitzrohr geschoben und mit einer Klemmschraube oder -schelle befestigt. Sie können in der Höhe stufenlos verstellt werden, müssen aber mindestens bis zur eingeprägten Markierung (meist bei 55 mm) im Rahmenrohr stecken.

Am oberen Ende ist der Sattel entweder mit zusätzlichen Sattelkloben oder in die Stütze integrierten Patentstützen befestigt.

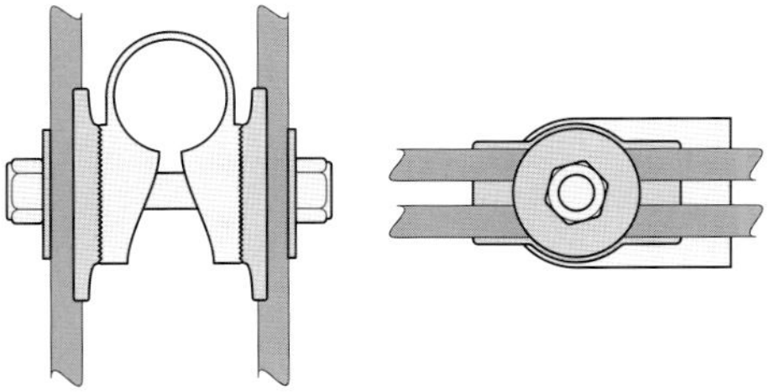

Sattelkloben gibt es in unterschiedlichen, zu den verschiedenen Sattelgestellen passenden Ausführungen. Sie werden auf Sattelkerzen aufgeschraubt.

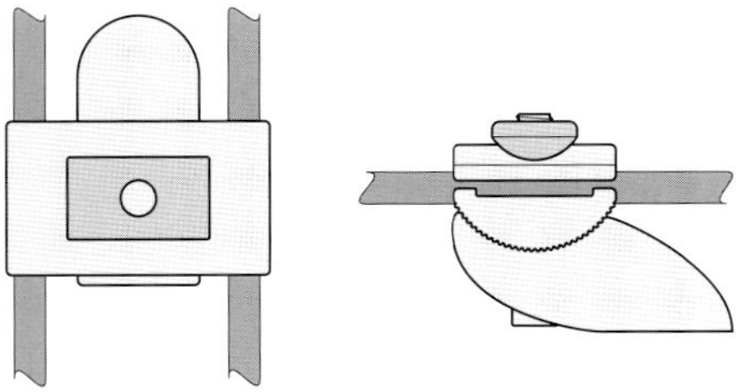

Eine Patentstütze ist eine Sattelstütze mit integriertem Befestigungskloben. Es gibt sie mit einer oder zwei Schrauben.

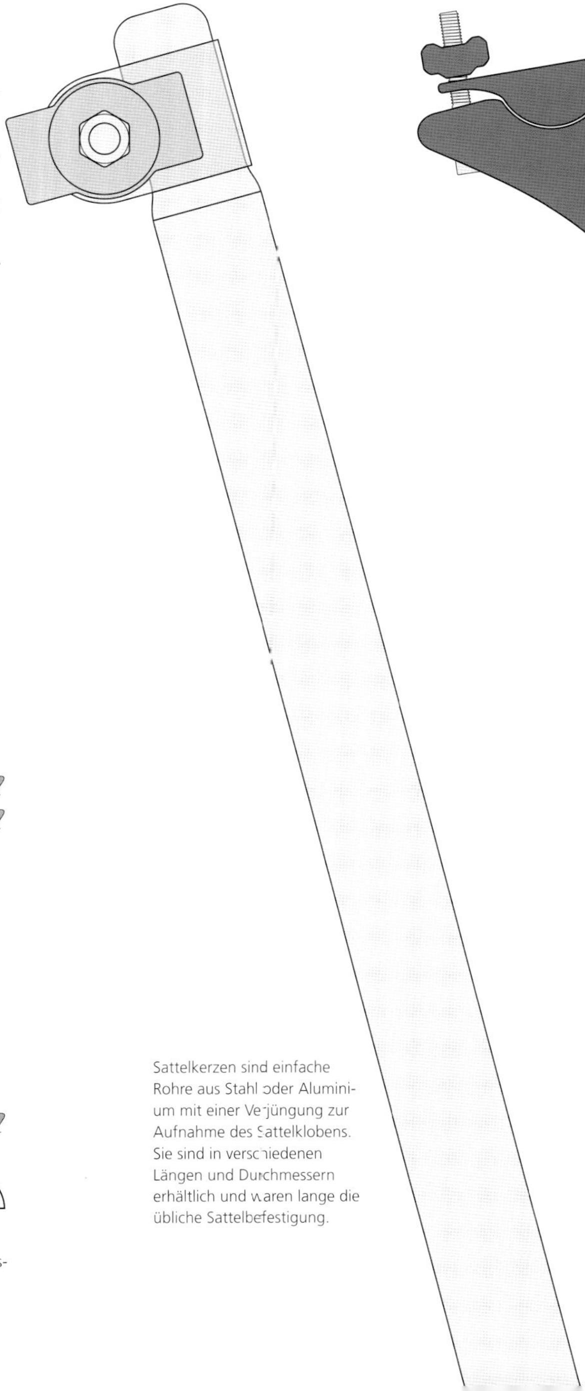

Sattelkerzen sind einfache Rohre aus Stahl oder Aluminium mit einer Verjüngung zur Aufnahme des Sattelklobens. Sie sind in verschiedenen Längen und Durchmessern erhältlich und waren lange die übliche Sattelbefestigung.

Moderne Rennrad-Sattelstütze aus Carbon und Patentklemmung mit zwei Schrauben. Neigung und waagerechte Position lassen sich leicht einstellen. Es gibt Versionen mit einer oder zwei Klemmschrauben. Bei einer Klemmschraube lässt sich der Sattel einfacher montieren, bei zweien ist die Montage stabiler und sicherer.

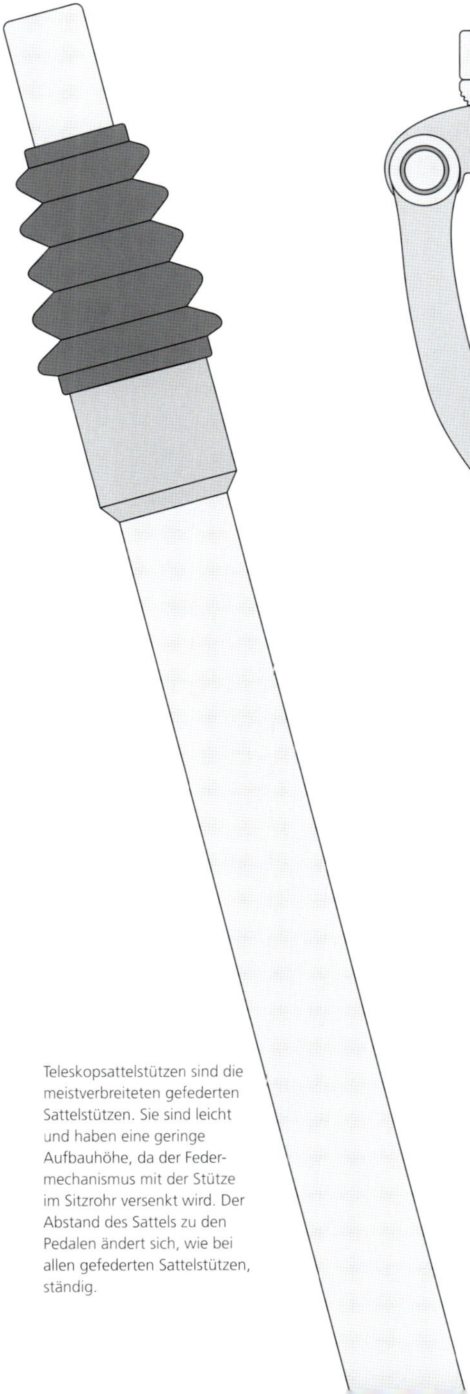

Teleskopsattelstützen sind die meistverbreiteten gefederten Sattelstützen. Sie sind leicht und haben eine geringe Aufbauhöhe, da der Federmechanismus mit der Stütze im Sitzrohr versenkt wird. Der Abstand des Sattels zu den Pedalen ändert sich, wie bei allen gefederten Sattelstützen, ständig.

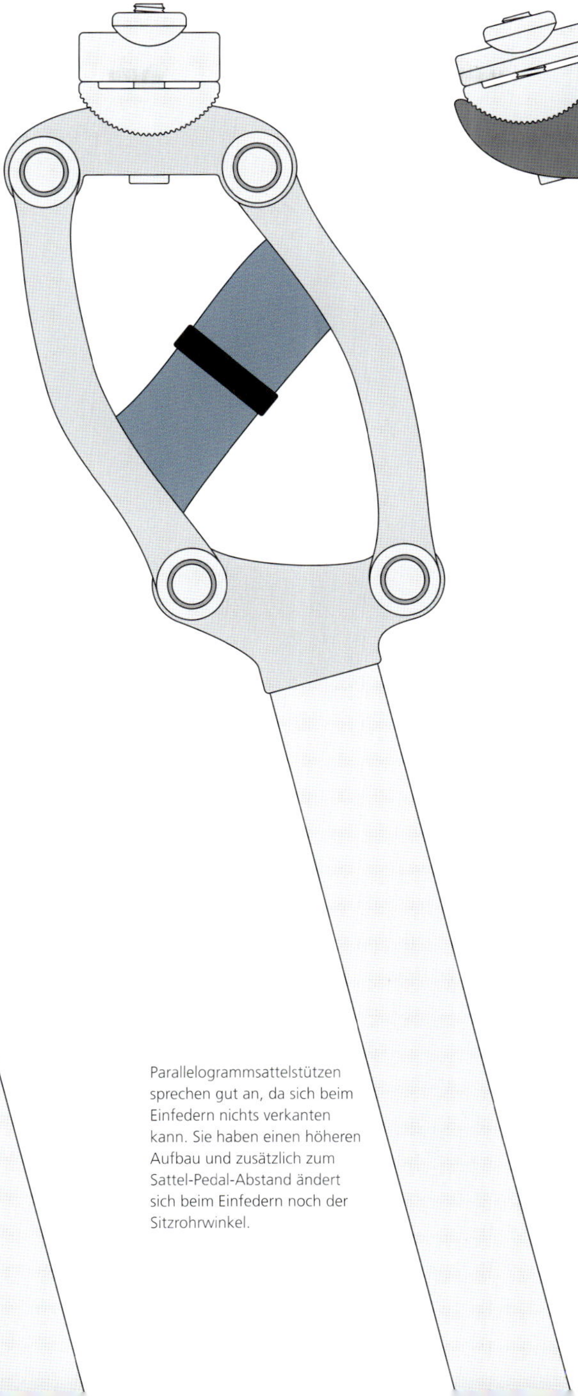

Parallelogrammsattelstützen sprechen gut an, da sich beim Einfedern nichts verkanten kann. Sie haben einen höheren Aufbau und zusätzlich zum Sattel-Pedal-Abstand ändert sich beim Einfedern noch der Sitzrohrwinkel.

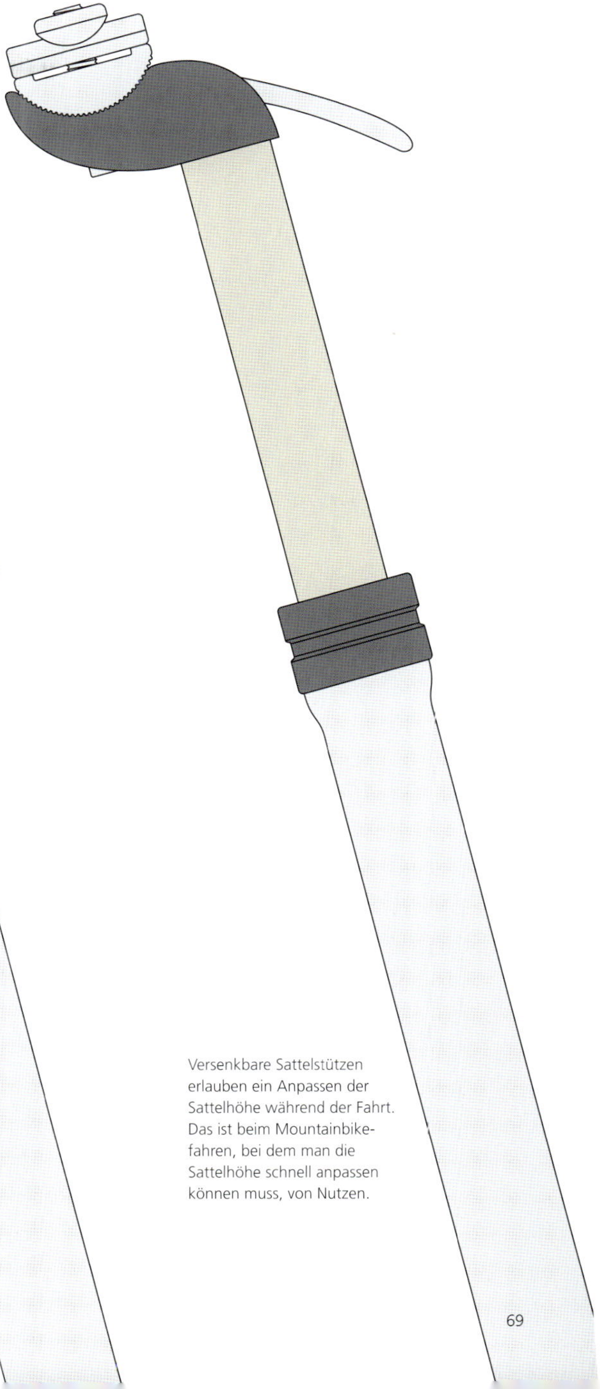

Versenkbare Sattelstützen erlauben ein Anpassen der Sattelhöhe während der Fahrt. Das ist beim Mountainbikefahren, bei dem man die Sattelhöhe schnell anpassen können muss, von Nutzen.

Laufräder

Speichenlaufräder

Als Laufräder werden die kompletten Vorder- oder Hinterräder bezeichnet, beide zusammen heißen Laufradsatz.

Üblich ist das tangential eingespeichte Laufrad. Alltags- und Rennräder für Erwachsene haben eine Laufradgröße von 28 Zoll oder, genauer, nach ETRTO 622 mm. Bei Mountainbikes meist 26 Zoll bzw. 559 mm.

An Gebrauchsfahrrädern sind Laufräder mit 36 Speichen üblich. Rennräder und Mountainbikes haben oft 32 Speichen oder spezielle Systemräder. Für höhere Belastungen, etwa bei Tandems oder Reiserädern, werden 48 Speichen verwendet.

Neben Speichenrädern gibt es im Sportbereich noch auf Druck belastete, starre Räder mit Scheiben oder 3-5 Massivspeichen.

Bei radial eingespeichten Rädern kreuzen sich die Speichen nicht, sondern verlaufen von der Nabe radial zur Felge. Sie haben einen etwas geringeren Luftwiderstand als tangential eingespeichte Räder, eignen sich aber nur als Vorderrad mit Felgenbremse.

Scheibenräder werden meist für Rennen verwendet. Sie sind leicht und haben einen geringen Luftwiderstand. Wegen der hohen Seitenwindempfindlichkeit werden sie fast nur als Hinterräder benutzt.

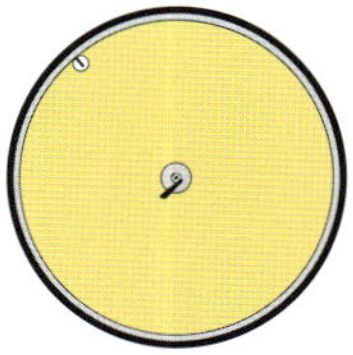

Composite Wheels mit 3-5 Druckspeichen sind meist aus Carbon. Sie sind ähnlich leicht, windschlüpfrig und teuer wie Scheibenräder, allerdings nicht so seitenwindempfindlich.

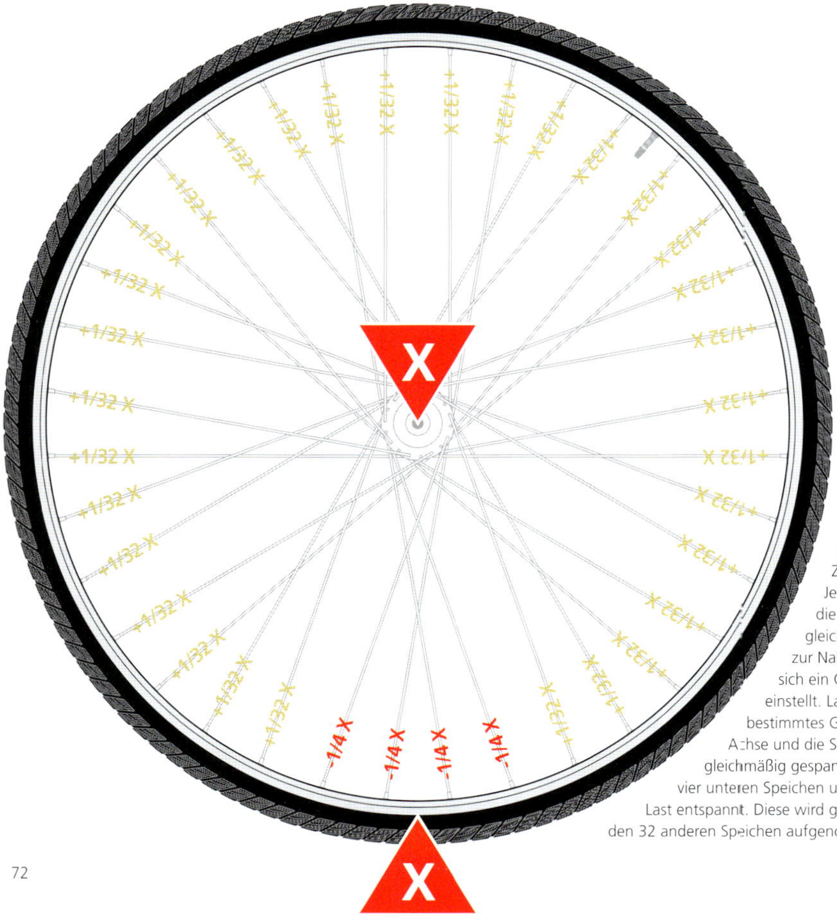

Im Speichenrad werden die Speichen auf Zug belastet. Jede Speiche zieht die Felge mit der gleichen Spannung zur Nabe hin, so dass sich ein Gleichgewicht einstellt. Lastet ein bestimmtes Gewicht auf der Achse und die Speichen sind gleichmäßig gespannt, werden die vier unteren Speichen um jeweils 1/4 der Last entspannt. Diese wird gleichmäßig von den 32 anderen Speichen aufgenommen.

Speichenräder bestehen von außen nach innen aus: Mantel, Schlauch, Felgenband, Ventil, Felge, Speichennippel, Speiche, Nabenflansch, Nabengehäuse, Nabenlager und Nabenachse.

Vorderradnaben

Naben sind das Zentrum der Laufräder. Sie bestehen aus Achse, Lager und Nabengehäuse mit Flansch. Das Nabengehäuse, an dem die Speichen sitzen, dreht sich um die in den Ausfallenden befestigte Achse.

Die Einbaubreite von Vorderradnaben beträgt meist 100 mm, der Achsdurchmesser 9 mm.

Die klassische Lagerung ist das Konuslager. Das Lagerspiel wird durch Festdrehen oder Lockern des Konus auf der Achse eingestellt.

In den Vorderradnaben können weitere Bestandteile wie Dynamos oder Nabenbremsen untergebracht sein.

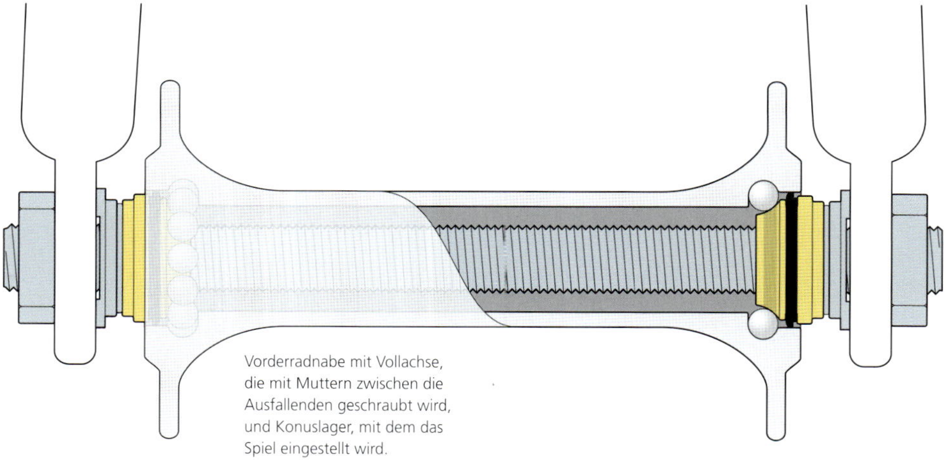

Vorderradnabe mit Vollachse, die mit Muttern zwischen die Ausfallenden geschraubt wird, und Konuslager, mit dem das Spiel eingestellt wird.

Verschiedene Wälzlager, die am Fahrrad verwendet werden.

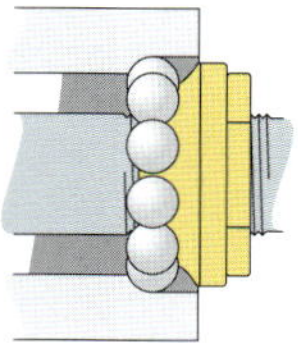

Einstellbares Konuslager

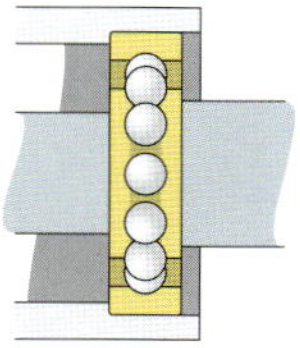

Rillenkugellager

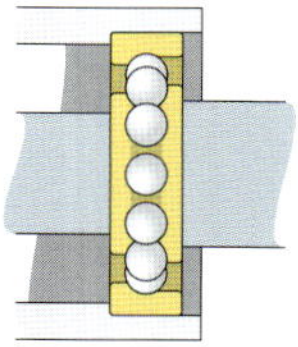

Schrägschulterkugellager

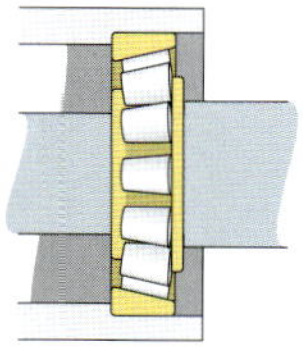

Kegelrollenlager

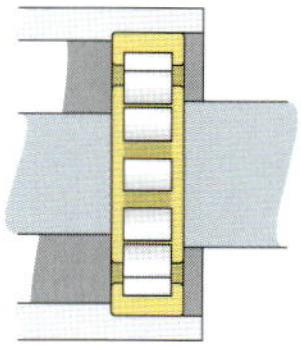

Zylinderrollenlager

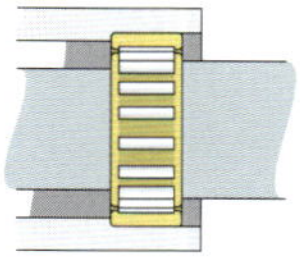

Nadellager

Industrie- oder Rillenkugellager sind nicht einstellbar. Sie sind geschlossen und abgedichtet und können nur komplett ausgetauscht werden. Federgabeln haben wegen der stärkeren und asymmetrischen Belastung verwindungssteifere Achsen.

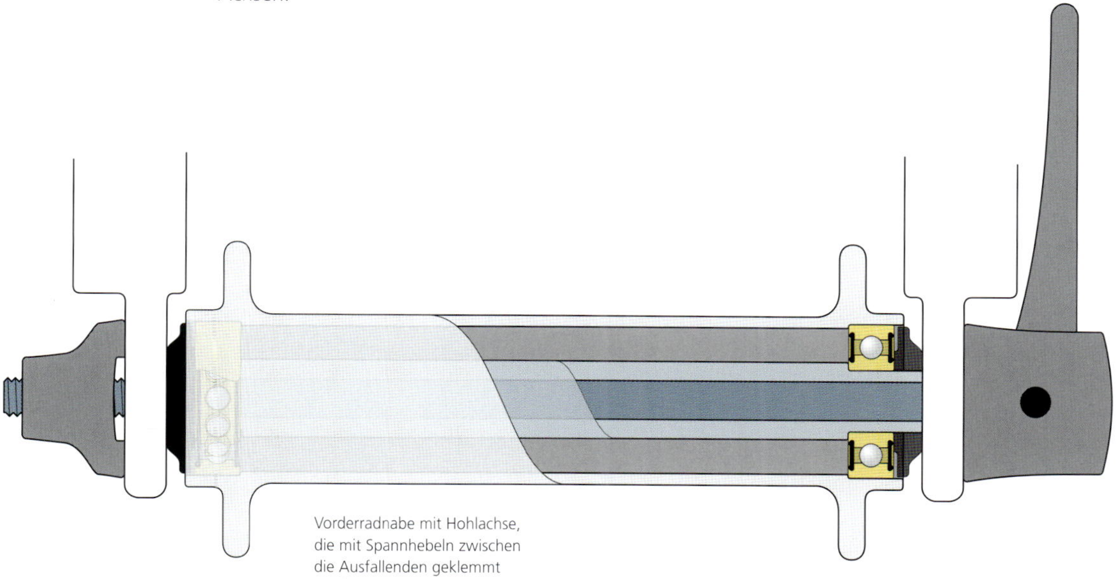

Vorderradnabe mit Hohlachse, die mit Spannhebeln zwischen die Ausfallenden geklemmt wird. Die hohle Achse mit Schnellspanner ist steifer als eine Vollachse.

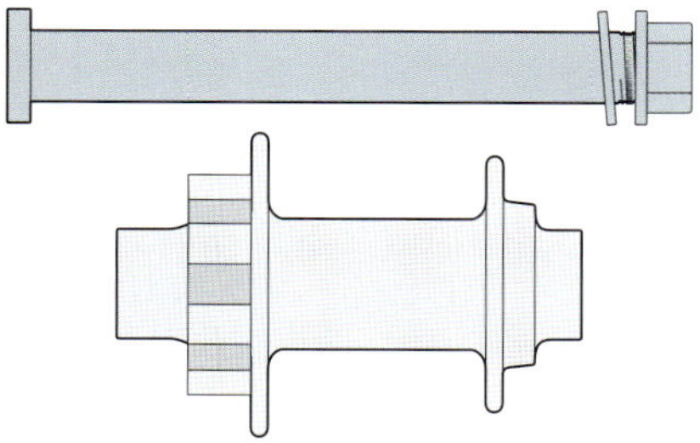

Steckachsen erlauben ebenfalls einen schnellen Radwechsel. Sie haben einen größeren Durchmesser und sind verwindungssteifer. Daher eignen sie sich besonders für Federgabeln am Mountainbike.

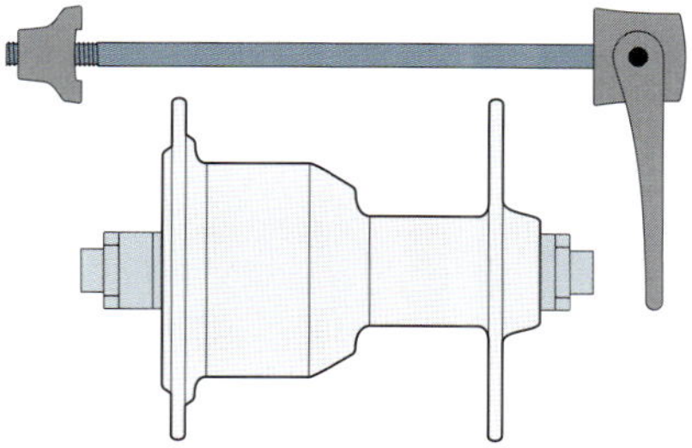

Nabendynamos sind die sicherste und unproblematischste Art, Strom für die Beleuchtung und andere Verbraucher zu erzeugen.

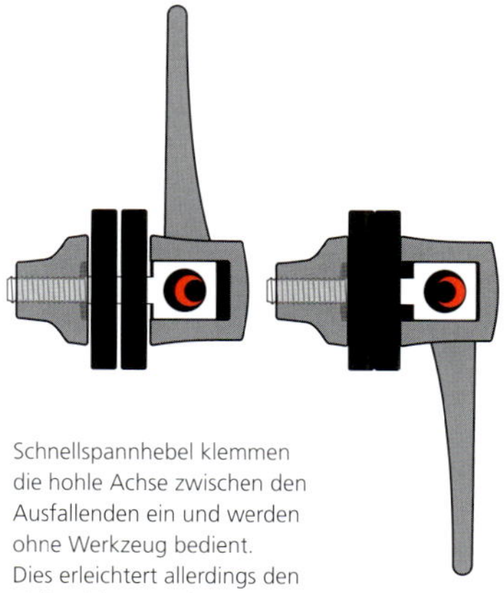

Schnellspannhebel klemmen die hohle Achse zwischen den Ausfallenden ein und werden ohne Werkzeug bedient. Dies erleichtert allerdings den Diebstahl von Laufrädern.

Hinterradnaben

Hinterradnaben enthalten den Antrieb mit meist einer Ketten- oder Nabenschaltung. Dazu kommt der Freilauf und eventuell eine Nabenbremse.

Kettenschaltungsnaben können bis zu 11 Zahnräder aufnehmen. Dadurch werden die Nabenflansche nach links verschoben und das Hinterrad muss asymmetrisch eingespeicht werden.

Bei Kassettennaben ist der Freilauf Teil der Nabe und die Zahnräder werden auf den Freilaufkörper gesteckt. Die Einbaubreite beträgt 135 mm, bei Rennrädern 130 mm.

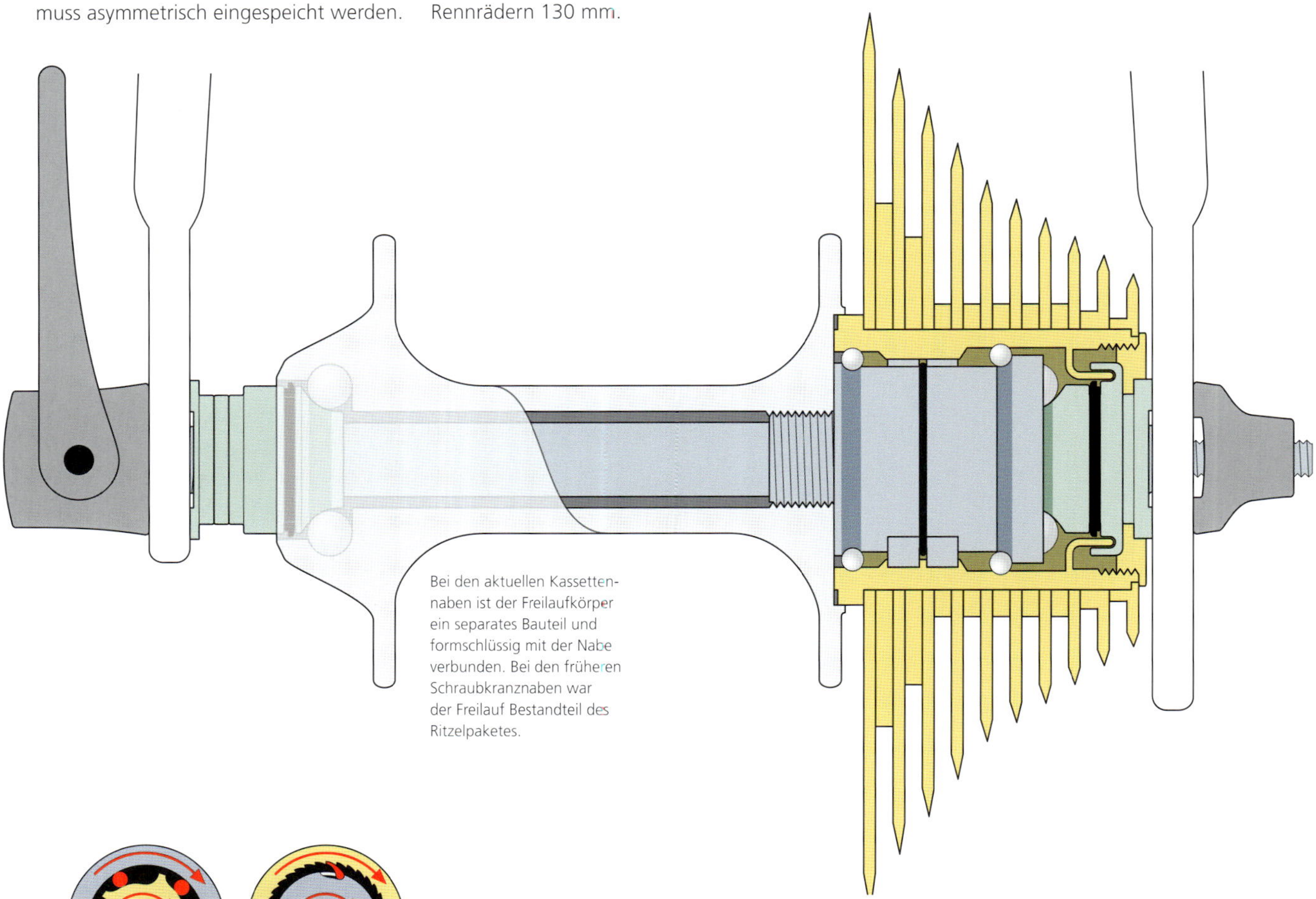

Bei den aktuellen Kassettennaben ist der Freilaufkörper ein separates Bauteil und formschlüssig mit der Nabe verbunden. Bei den früheren Schraubkranznaben war der Freilauf Bestandteil des Ritzelpaketes.

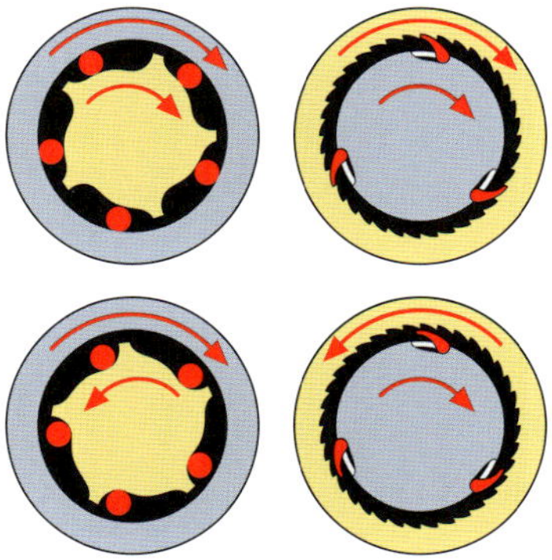

Der Klemmrollenfreilauf macht beim Rollen ohne zu treten keine Geräusche, während beim Sperrklinkenfreilauf ein mehr oder weniger deutliches Klicken zu hören ist. Es gibt noch weitere Formen des Freilaufs am Fahrrad. Der Antrieb ist gelb, der Abtrieb blau.

Bei Getriebenaben ist die Schaltung, ein Planetengetriebe, innerhalb der Nabe untergebracht. Es gibt sie mit 2-14 Gängen. Dazu kommt der Freilauf und eventuell eine Rücktrittbremse.

Die Bauteile befinden sich bis auf das Antriebsritzel innerhalb der Nabenhülse und sind so vor Umwelteinflüssen geschützt. Die Einbaubreite beträgt bei aktuellen Modellen 130 mm oder 135 mm.

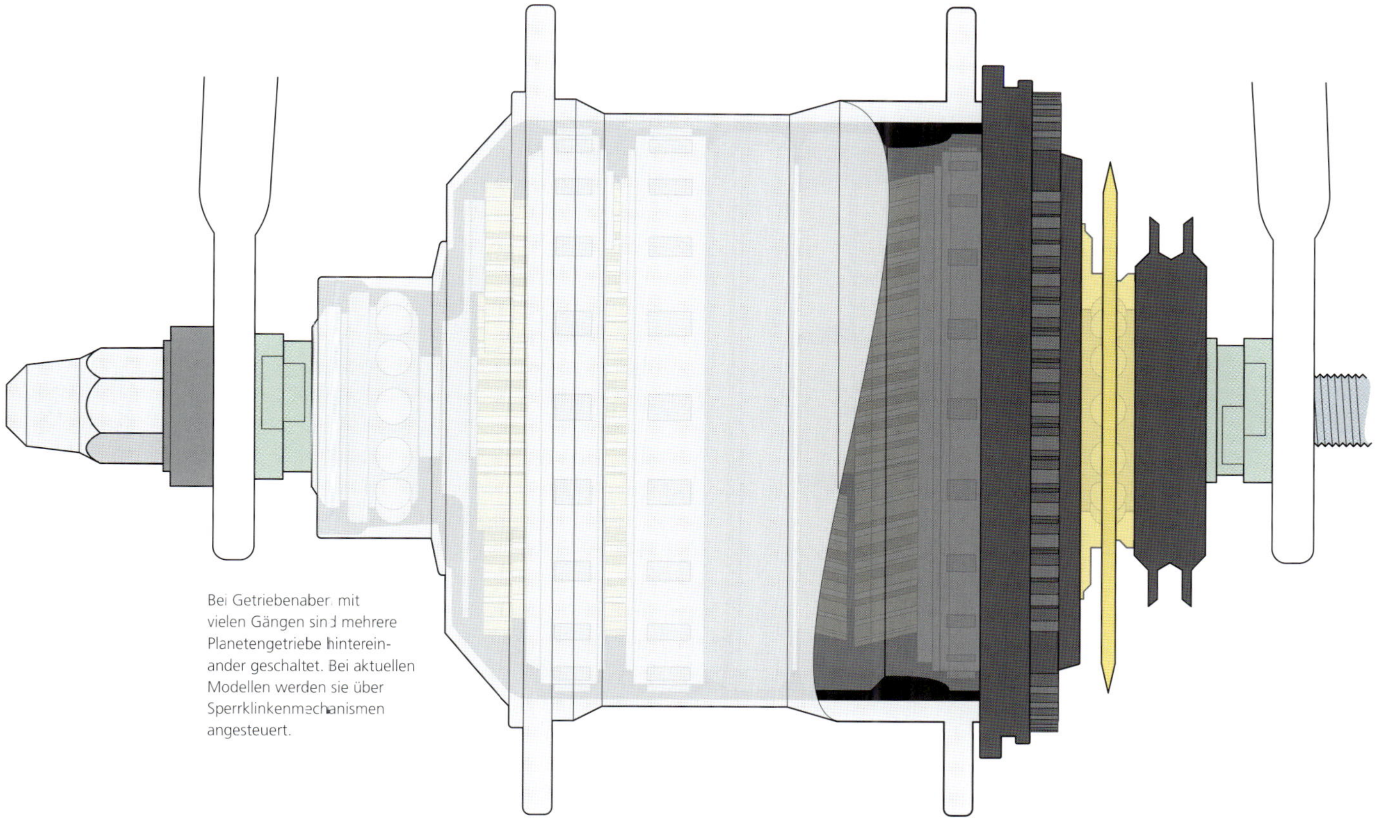

Bei Getriebenaben mit vielen Gängen sind mehrere Planetengetriebe hintereinander geschaltet. Bei aktuellen Modellen werden sie über Sperrklinkenmechanismen angesteuert.

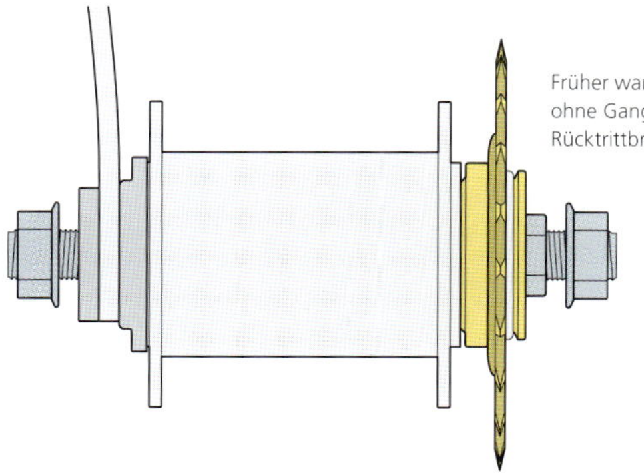

Früher waren Hinterradnaben ohne Gangschaltung und Rücktrittbremse sehr verbreitet.

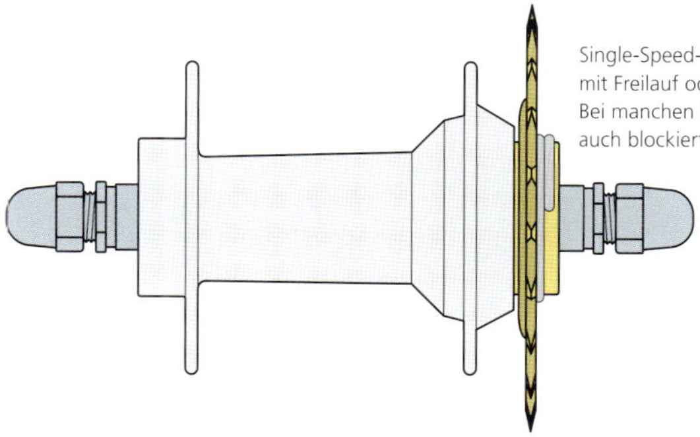

Single-Speed-Naben gibt es mit Freilauf oder starrem Ritzel. Bei manchen kann der Freilauf auch blockiert werden.

Speichen

Speichen verbinden Nabe und Felge. Am Hinterrad übertragen sie die Tretkraft vom Antrieb auf die Felge.

Speichen werden aus Edelstahldraht gefertigt. Auf der einen Seite befinden sich Speichenbogen und -kopf, die in die Löcher des Nabenflansches eingefädelt werden, auf der anderen das Gewinde, das mit den Speichennippeln in der Felge verschraubt wird. Am stärksten belastet ist der Speichenbogen.

Glatte Speichen haben einen durchgehenden Durchmesser von 1,8 oder 2 mm.

Eindickendspeichen haben ein dickeres Ende, nur der Bogen ist verstärkt: 2,0 – 1,8 mm oder 2,3 – 2,0 mm.

Doppeldickendspeichen sind im Mittelteil im Durchmesser reduziert, gängige Stärken sind 1,8 – 1,6 – 1,8 mm bis 2,0 – 1,5 – 2,0 mm.

3D-Speichen sind Doppeldickendspeichen mit verschieden dicken Enden, der am stärksten belastete Bogen ist nochmal verstärkt.

Säbelspeichen sind wegen der günstigeren Aerodynamik in der Rotationsrichtung abgeflacht.

Wellenspeichen sind haarnadelähnlich gewellt und besitzen daher federnde Eigenschaften.

Kopfspeichen haben keinen Bogen, sondern enden gerade. Zum Einbau werden spezielle Naben verwendet.

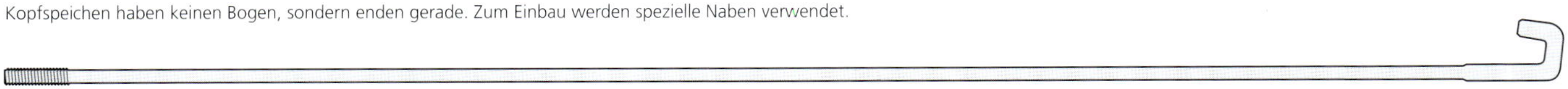

Reparaturspeichen haben anstelle des Bogens einen Haken, so dass sie auch hinter dem Zahnkranz eingezogen werden können.

Speichennippel sind schraubbare Verbindungen von der Felge zur Speiche, meist aus Messing oder Aluminium. Mit ihnen werden die Speichen gleichmäßig gespannt und so das Laufrad zentriert.

Abhängig von Felgengröße, Nabenflanschdurchmesser und Einspeichgeometrie müssen Speichen unterschiedlich lang sein. Da sie nicht gekürzt werden können, gibt es sie in vielen verschiedenen Längen.

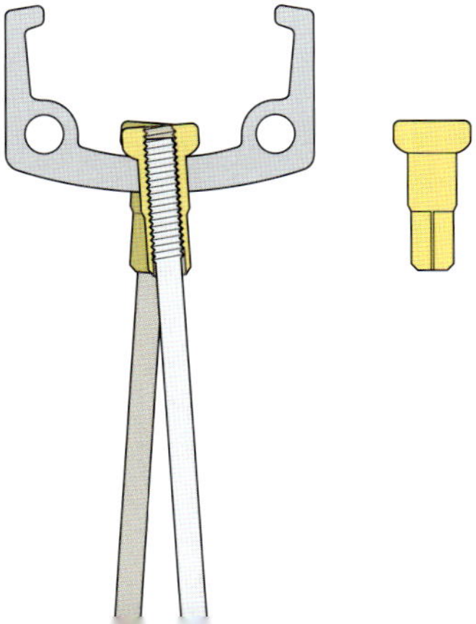

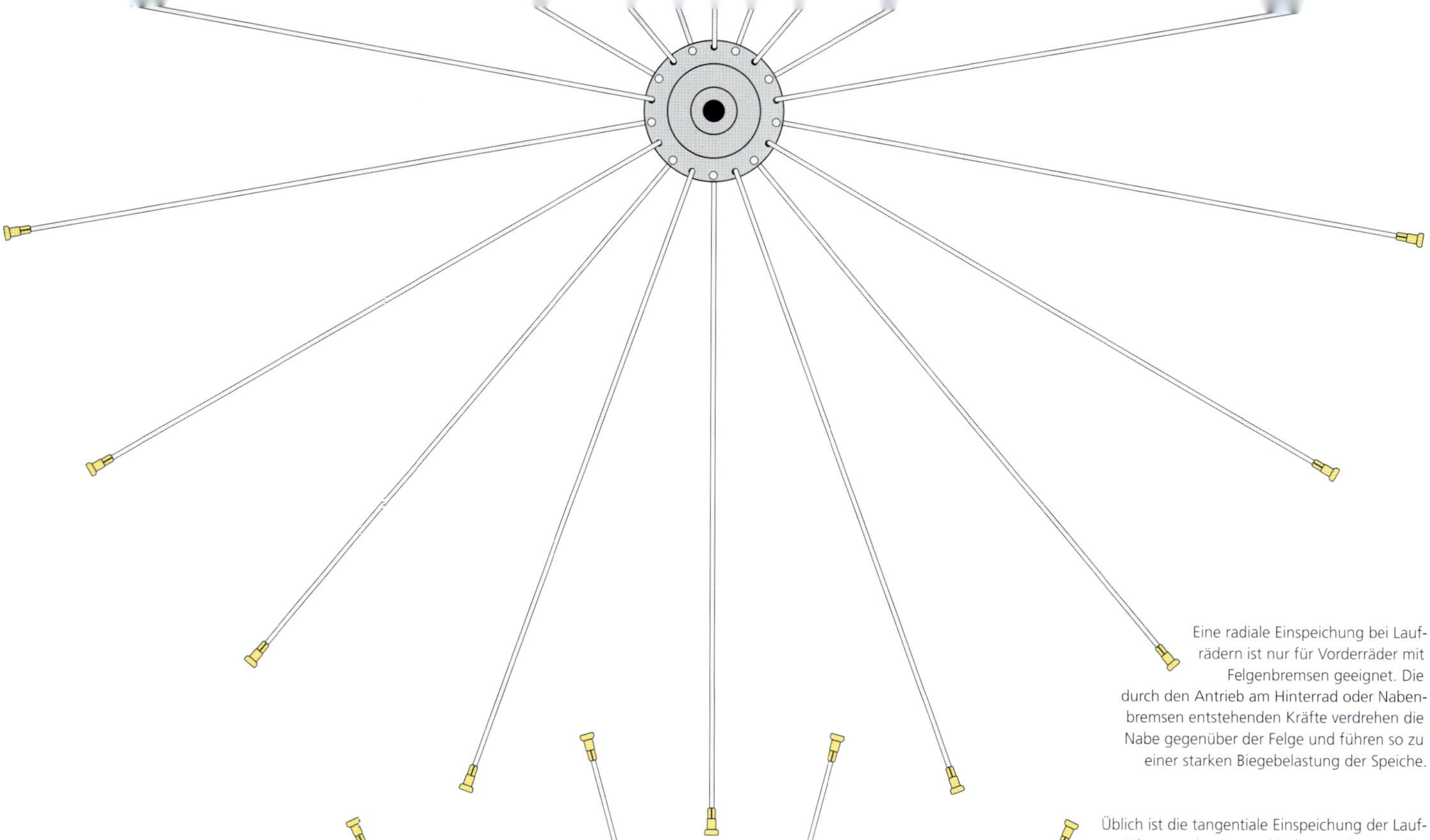

Eine radiale Einspeichung bei Laufrädern ist nur für Vorderräder mit Felgenbremsen geeignet. Die durch den Antrieb am Hinterrad oder Nabenbremsen entstehenden Kräfte verdrehen die Nabe gegenüber der Felge und führen so zu einer starken Biegebelastung der Speiche.

Üblich ist die tangentiale Einspeichung der Laufräder, von der es verschiedene Varianten gibt. Am verbreitetsten ist die 3fach-Kreuzung. Antriebs- oder Verzögerungskräfte werden nur durch die tangential verlaufenden Speichen übertragen. So entsteht lediglich eine Belastung auf Zug und Druck und keine Biegebeanspruchung.

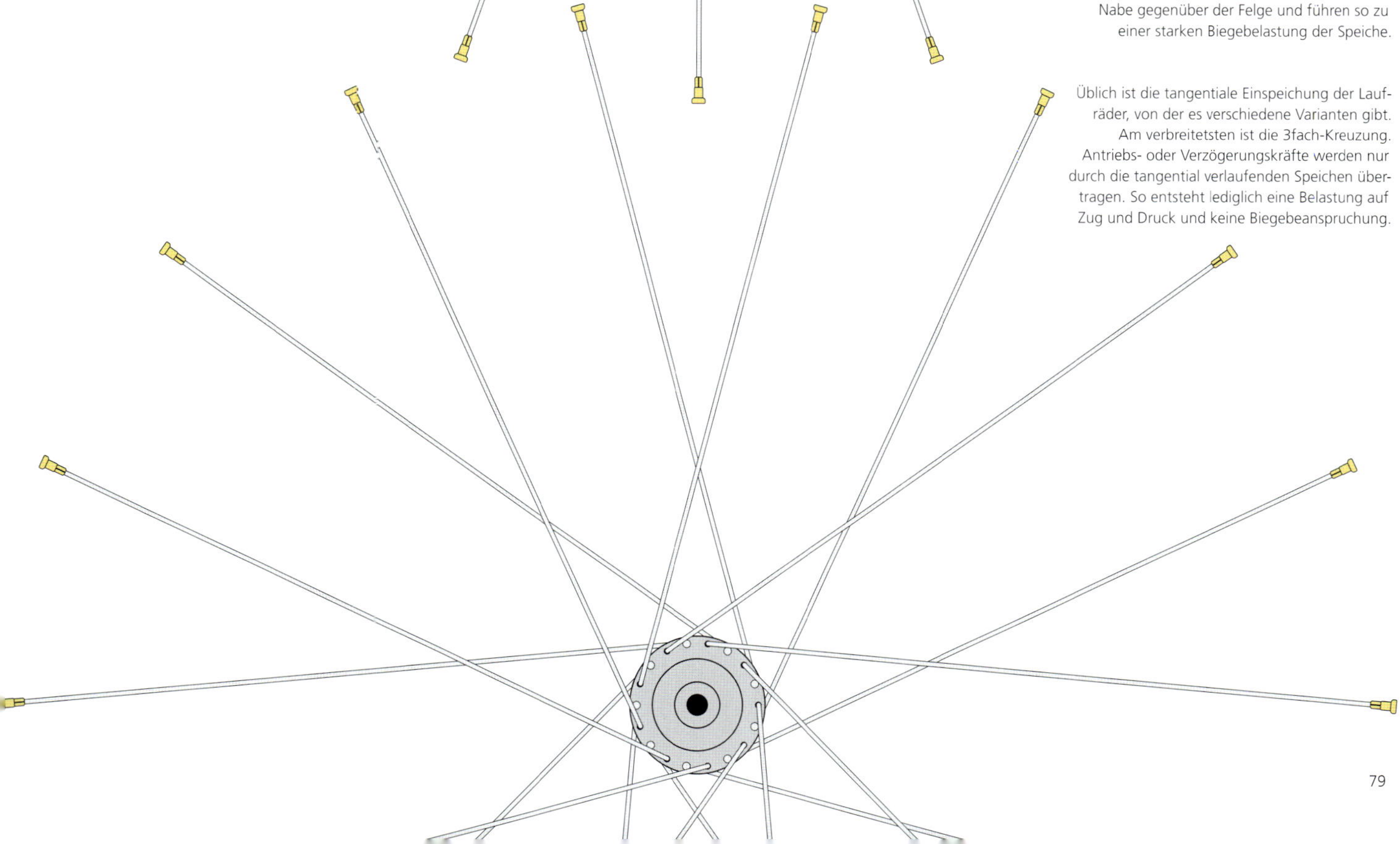

Felgen

Felgen nehmen Schlauch und Reifen auf und sind über die Speichen mit den Naben verbunden. Bei der Verwendung von Felgenbremsen fungieren sie als Bremsscheiben.

Fahrradfelgen sind meist aus einer Aluminiumlegierung und werden im Strangpressverfahren gefertigt. Stahl wird wegen des höheren Gewichts und der schlechteren Bremswirkung nur noch selten bei Felgenbremsen verwendet. Carbonfelgen werden für Rennräder hergestellt und sind sehr teuer.

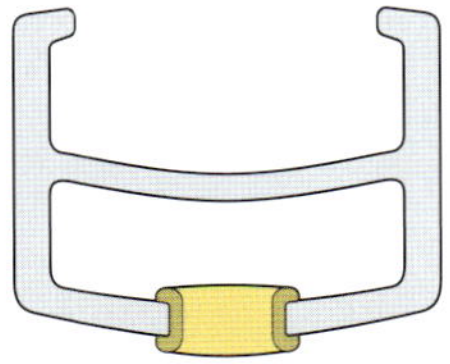

Geöste Felgen sind leichter einzuspeichen und stabiler als nicht geöste, aber weniger gut zu recyceln.

Drahtreifenfelgen sind die meistverwendete Felgenart. Sie haben ihren Namen von dem zu ihnen passenden Drahtreifen. Für Reifen, die mit über 5 Bar Druck gefahren werden, müssen Hakenfelgen verwendet werden.

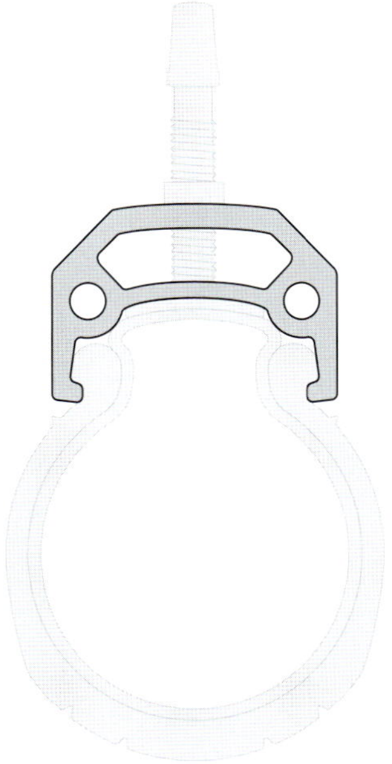

Schlauchreifenfelgen waren wegen ihrer Hochdruckfähigkeit bei Rennrädern verbreitet und früher oft auch aus Holz. Der Reifenmantel umschließt den Schlauch völlig und wird auf die Schlauchreifenfelge aufgeklebt. Seit auch Drahtreifen mit Hochdruck gefahren werden können, werden Schlauchreifen und die dazugehörigen Felgen seltener.

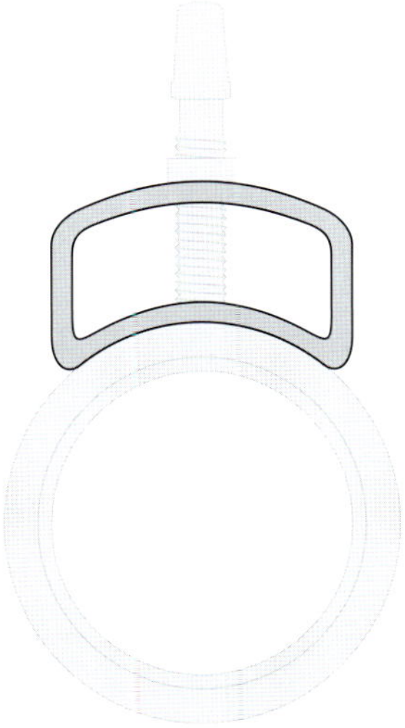

Bei Felgen für Schlauchlosreifen bilden Reifen und Felge eine dichte Luftkammer, die einen Schlauch überflüssig macht. Der Luftdruck kann niedriger gewählt werden, wodurch sich der Fahrkomfort erhöht. Die luftdichte Beschichtung auf der Innenseite des Reifens kann mit herkömmlichem Flickzeug repariert werden.

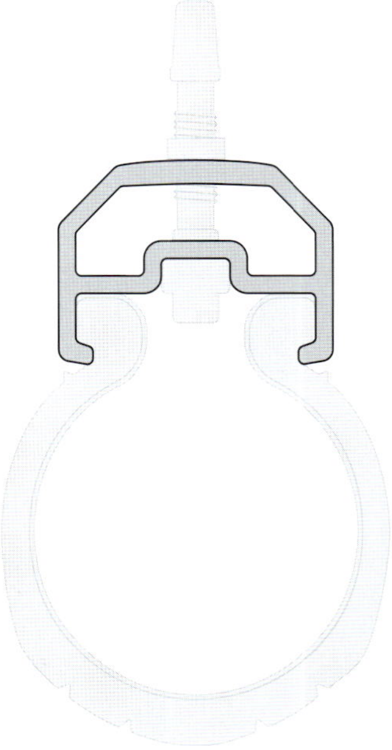

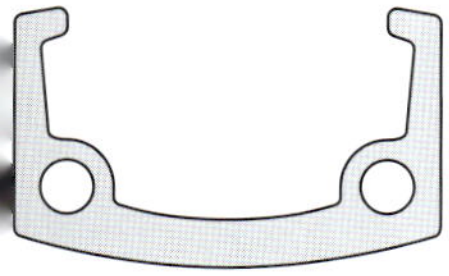

Tiefbettfelgen sind nicht sehr verwindungssteif, aber ermöglichen einen leichten Reifenwechsel.

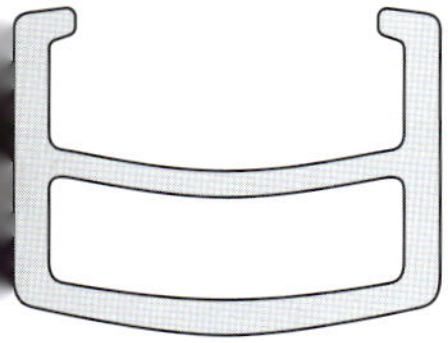

Hohlkammerfelgen besitzen eine größere Verwindungssteifigkeit. Geöste Felgen sind sicherer gegen das Ausreißen von Speichen und leichter einzuspeichen.

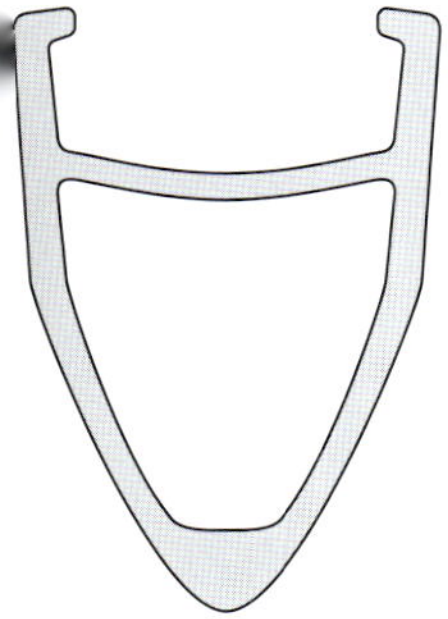

Tropfenfelgen sind sehr verwindungssteif und haben einen niedrigen Luftwiderstand.

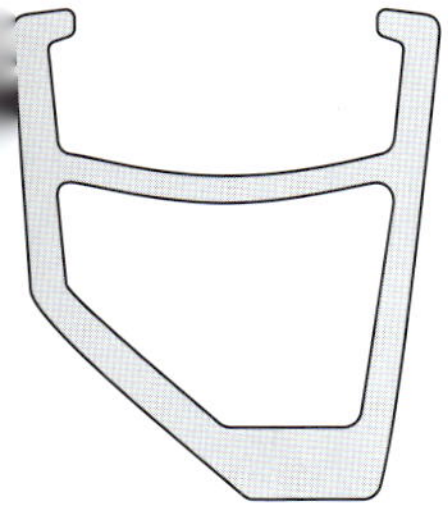

Asymmetrische Felgen ermöglichen bei Kettenschaltungsnaben eine symmetrischere Einspeichung.

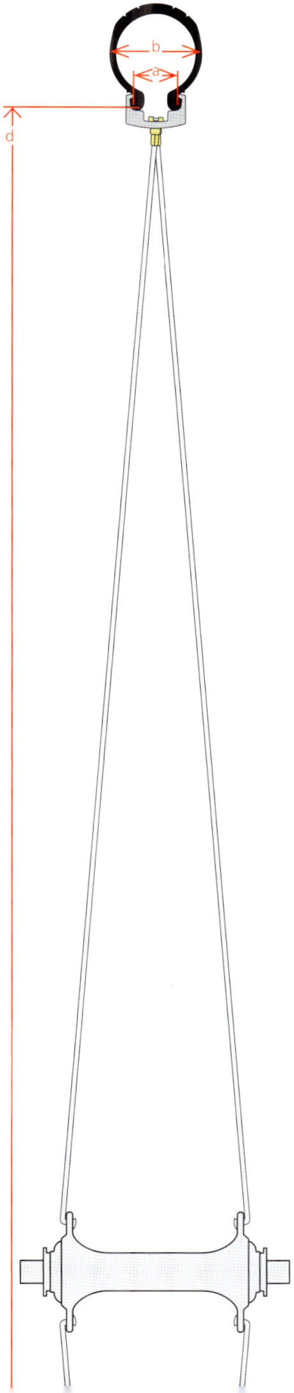

Felgen- und Reifengrößen nach ETRTO (European Tyre and Rim Technical Organisation) sollen ältere, ungenauere nationale Bezeichnungen ersetzen.

a bezeichnet die Maulweite der Felge, wobei bei Hakenfelgen immer zwischen den Haken gemessen wird. Hakenfelgen tragen den Zusatz „C".

b bezeichnet die größte Breite des aufgepumpten Reifens.

d bezeichnet den Felgeneckpunkt- oder den Reifeninnendurchmesser.

So lassen sich die passenden Reifen zur entsprechenden Felge bestimmen.

Felge	Reifen
622 x 21C	35-622 bis 60-622
oder	
559 x 27	47-559 bis 60-559

Welche Reifenbreiten dürfen auf welche Felge?

Felgenbreite	Reifenbreite in mm														
	18	20	23	25	28	32	35	37	40	44	47	50	54	57	60
13 C	•	•	•	•											
15 C			•	•	•	•									
17 C				•	•	•	•	•	•	•	•	•			
19 C					•	•	•	•	•	•	•	•	•	•	•
21 C							•	•	•	•	•	•	•	•	•
23 C								•	•	•	•	•	•	•	•
25 C										•	•	•	•	•	•
27 C											•	•	•	•	•
29 C													•	•	•

Schläuche

Schläuche halten die Luft im Reifen. Die Art des Schlauches hat Einfluss auf Gewicht, Rollwiderstand und Pannensicherheit.

Fast alle Schläuche bestehen aus Butyl, einem künstlich hergestellten Kautschuk. Schläuche aus Naturlatex oder Mischmaterialien sind selten, da sie nicht so luftdicht sind.

Ein dicker Schlauch für Mountainbikes oder Tourenräder wiegt über 200 g, hält aber die Luft besser und ist nicht so pannenanfällig wie ein dünner, der z. B. für Rennräder verwendet wird und etwa 70 g wiegt.

Da Schläuche sehr elastisch sind, gibt es nicht für jede Reifengröße einen passenden Schlauch, sondern eine Schlauchgröße wird für mehrere Reifengrößen verwendet.

Der Reifendruck hat großen Einfluss auf die Fahreigenschaften und die Sicherheit eines Fahrrades. Niedriger Druck bedeutet:

- größerer Rollwiderstand
- bessere Kraftübertragung
- verringerte Stabilität in Schräglagen
- erhöhte Federungswirkung
- größere Gefahr von Reifenpannen

Der richtige Luftdruck hängt vom Gewicht ab. Je schwerer ein Fahrer oder die Zuladung ist, umso höher sollte der Druck sein.

Felgenbänder bestehen aus Gewebeband, Gummi oder Kunststoff und dienen dazu, die Speichenbohrungen abzudecken, an denen sich der Schlauch durch die Speichenlöcher in die Felge drücken und zerreißen würde.

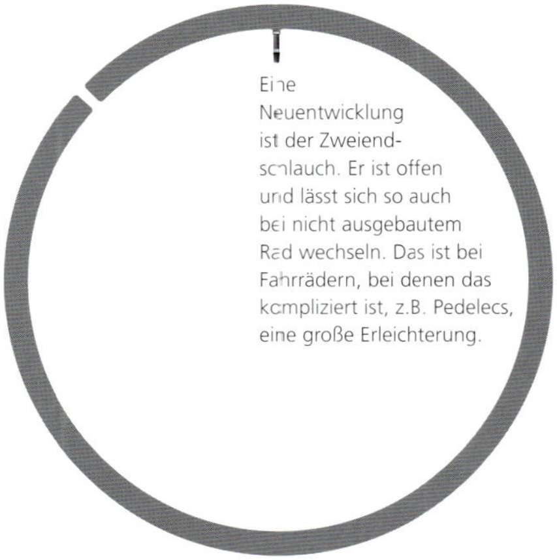

Eine Neuentwicklung ist der Zweiendschlauch. Er ist offen und lässt sich so auch bei nicht ausgebautem Rad wechseln. Das ist bei Fahrrädern, bei denen das kompliziert ist, z.B. Pedelecs, eine große Erleichterung.

Schlauch flicken:

1. Den Schlauch aus dem Laufrad entfernen und aufpumpen.
2. Undichte Stelle erfühlen oder, wenn das nicht möglich ist, den Schlauch unter Wasser halten.
3. Den Bereich um das Loch aufrauhen, danach Vulkanisationsmittel auftragen und mindestens 5 Minuten warten.
4. Den Flicken von der Alufolie abziehen und einige Sekunden sehr fest auf den Reifen drücken.

Empfohlener Luftdruck

Reifenbreite in mm	Druck in Bar
45–55 (Ballon)	2–3
38–45 (Halbballon)	3–3,5
32–38 (Straße)	3,5–4,5
28–32 (Halbrenner)	4–5
22–25 (Schmalspur)	6–7
18–21 (sehr schmal)	7–8
Schlauchreifen	7–15

Ventile

Fahrradventile sind Rückschlagventile, durch die der Schlauch mit Druckluft befüllt wird. Es gibt drei Arten von Ventilen.

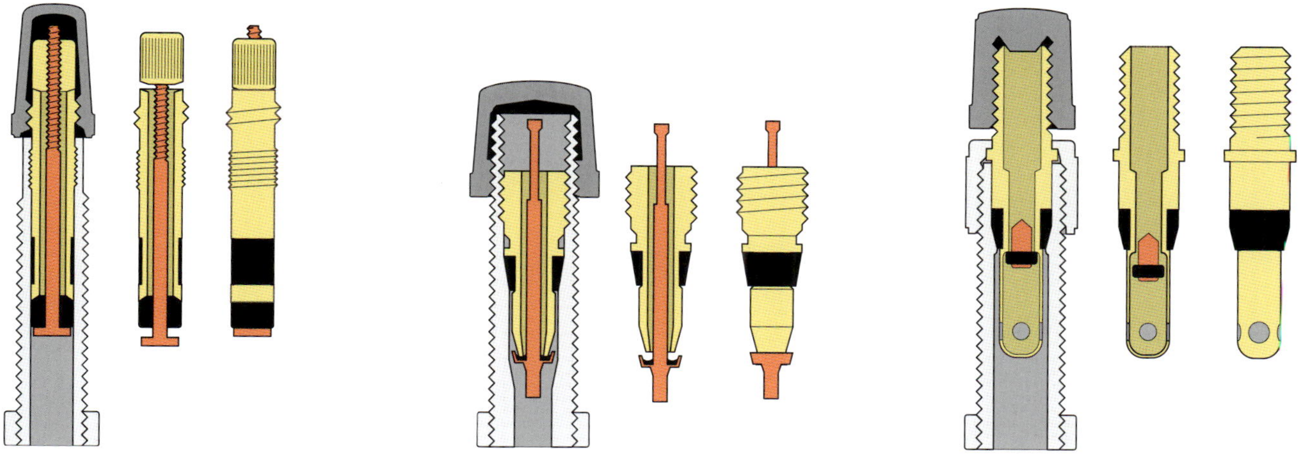

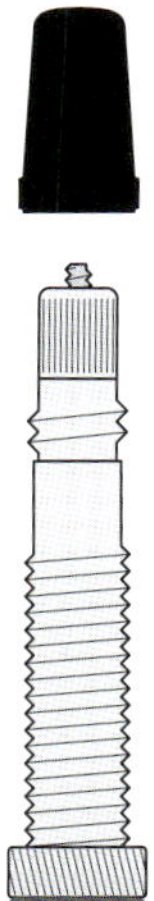

6,5

Renn- oder Sclaverandventile werden hauptsächlich an Rennrädern verwendet und haben einen Ventilkörper mit 6-6,2 mm Durchmesser. Zum Luftablassen wird die Rändelmutter aufgedreht und das Gewindestängchen heruntergedrückt. Es ist leichtgängig, dichtet sehr gut ab und ist auch für höheren Druck geeignet.

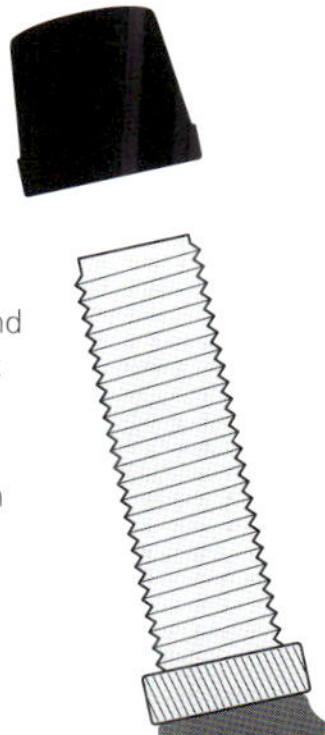

8,5

Auto- oder Schraderventile werden hauptsächlich für Mountainbikes verwendet und haben einen Ventilkörper mit 8-8,2 mm Durchmesser. Sie werden auch für Autoreifen verwendet. Zum Luftablassen wird entweder der Ventileinsatz herausgedreht oder mit einem spitzen Gegenstand die Ventilstange eingedrückt. Es dichtet gut ab und ist für hohen Luftdruck geeignet.

8,5

Blitz- oder Dunlopventile werden hauptsächlich an Gebrauchsrädern verwendet und haben einen Ventilkörper mit 8-8,2 mm Durchmesser. Zum Luftablassen wird das Ventil herausgeschraubt. Es ist leichtgängig und einfach zu wechseln, aber nicht für hohen Druck geeignet. Der Luftdruck kann nicht gemessen werden.

Reifenmäntel

Reifendecken geben durch den Innendruck des aufgepumpten Schlauches dem Reifen seine Form. Meist hat er ein Profil.

Es gibt Drahtreifen, Schlauchreifen und schlauchlose Reifen. Hauptelemente sind die Karkasse, die Gummimischung und der Reifendraht.

Die Karkasse ist ein feines, gummiertes Gewebe, meistens aus Nylon oder Kevlar, das in mehreren Lagen die tragende Struktur des Reifens bildet. Sie soll ihn auch vor Stich- und Schnittbeschädigungen schützen.

Die Gummimischung, die auf die Karkasse aufvulkanisiert wird, versieht den Reifen mit verschiedenen Eigenschaften: geringer Rollwiderstand, hohe Haftung, geringer Abrieb, lange Haltbarkeit.

Der Reifendraht im Fuß des Reifens bestimmt dessen Durchmesser. Er dehnt sich nicht und sorgt so dafür, dass der Reifen unter hohem Druck nicht von der Felge springt. Faltreifen enthalten statt des Drahtes einen leichteren Kevlarstrang.

Der Rollwiderstand ist bis etwa 20 km/h die größte zu überwindende Kraft beim Radfahren. Er wird von Reifendruck, -durchmesser, -breite und Reifenprofil beeinflusst.

Auf Asphalt benötigen Fahrradreifen kein Profil, ohne ist die Haftung auf der Straße besser. Nur im Gelände verbessert ein grobes Profil die Traktion.

Neben der genauen, üblichen Größenangabe nach ETRTO gibt es ältere englische Zollangaben und französische Millimeterangaben. Beispiel verschiedener Angaben für denselben Reifen.

ETRTO	Englisch	Französisch
38 – 622 mm	28" x 1,5"	700 x 38 mm
Reifenbreite – Reifeninnendurchmesser in mm	Reifenaußendurchmesser x Breite in Zoll	Reifenaußendurchmesser x Breite in mm

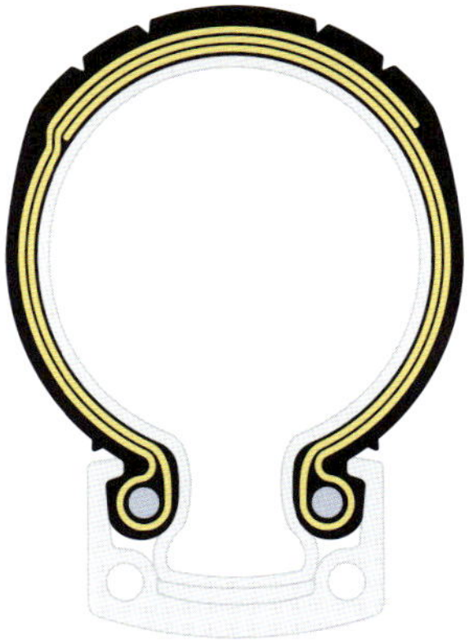

Drahtreifenmantel mit Draht, Karkasse und Gummimischung auf Hakenfelge. In Faltreifen befinden sich anstelle des Drahtes nicht dehnbare, dafür aber biegsame Fasern.

Zur Demontage:

1. Luft komplett ablassen und Ventil abschrauben.
2. Reifen zusammendrücken und über die Felge ziehen.
3. Wenn der Reifen zu stramm sitzt, ihn mit einem Reifenmontierhebel an einer Stelle über die Felge heben und in die Speichen einhängen.
4. Mit einem zweiten Montierhebel etwa 10 cm weiter über die Felge heben.
5. Zum vollständigen Lösen des Reifens einen Montierhebel rings um die Felge ziehen.

Breitere Reifen haben einen geringeren Rollwiderstand als schmale da sich die Reifenverformung weniger auswirkt.

Bei gleichen Bedingungen hinsichtlich Luftdruck, Profil und Belastung rollen breite Reifen leichter als schmale, die sich mehr in Laufrichtung verformen und so eine größere Materialverformung überwinden müssen. Allerdings werden breite Reifen mit niedrigerem Luftdruck gefahren.

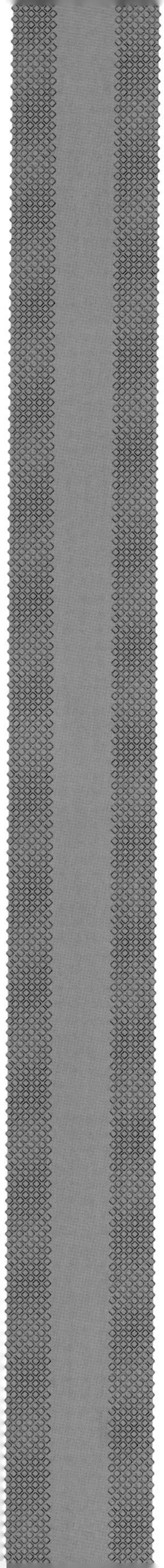

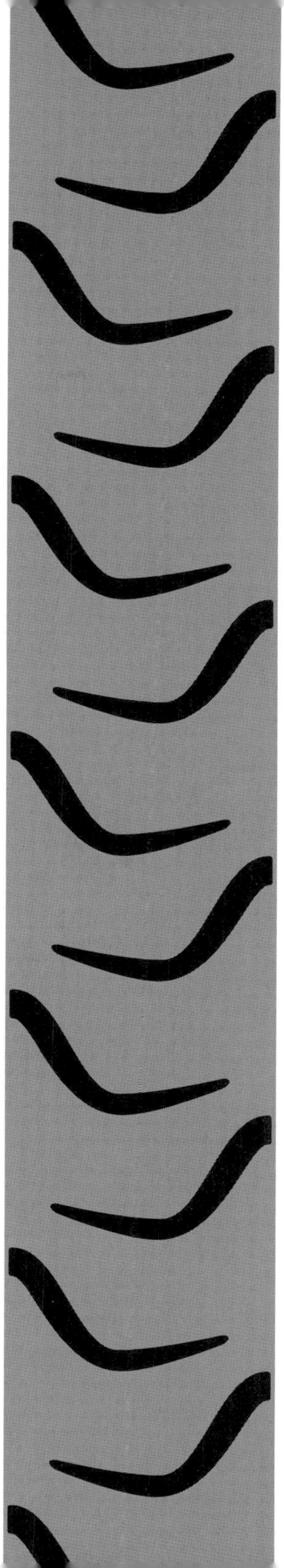

Tourenreifen 37 – 622

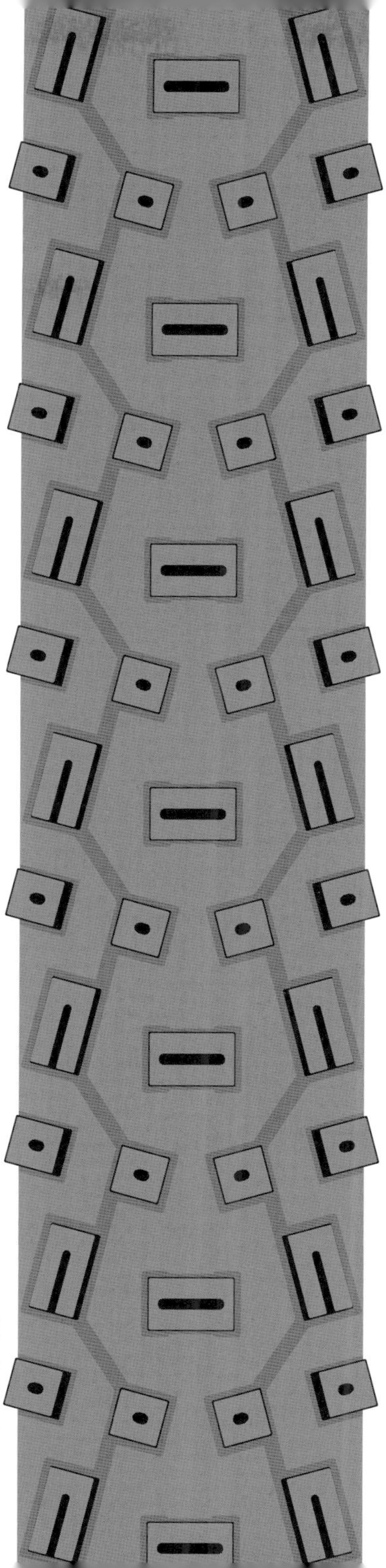

Geländereifen 47 – 559

Ballonreifen 60 – 622

Antrieb

Übersetzung und Entfaltung

Über Kurbel, Kette und Ritzel wird die Tretkraft des Radfahrers auf das Hinterrad übertragen. Wechselbare Übersetzungen ermöglichen, mit der individuell günstigsten Drehzahl zu fahren.

Fahrradschaltungen sind Getriebe und dienen der Übertragung und Umformung (Übersetzung) von Bewegungen oder Kräften.

Wie für Verbrennungsmotoren auch, gibt es für Radfahrer einen günstigen Drehzahlbereich. Er ist individuell verschieden und liegt zwischen 70 und 100 Umdrehungen pro Minute. Darunter ist der Kraftverbrauch zu hoch, man ermüdet schneller und die Gelenke werden stärker belastet. Auch der Verschleiß am Antrieb ist größer. Bei mehr Umdrehungen wird weniger Kraft auf das Pedal übertragen und die Leistung sinkt.

Ein einfaches Getriebe überträgt die Antriebskräfte ohne Veränderung von Drehzahl oder Drehmoment von der Antriebs- auf die Abtriebswelle.

Durch ein Übersetzungsgetriebe werden Drehzahl und -moment mittels verschiedener Durchmesser der an Antrieb oder Abtrieb beteiligten Zahnräder verändert.

Bei einem Wechselgetriebe wie einer Fahrradgangschaltung lassen sich verschiedene Übersetzungen wählen.

Als Übersetzung wird das Drehzahlverhältnis von der Antriebswelle (Kettenblatt) zur Abtriebswelle (Ritzel) bezeichnet.

Übersetzung = Drehzahl Antrieb : Drehzahl Abtrieb

$$\mathbf{i = n_{AN} : n_{AB}}$$

Übersetzung = Zähne Ritzel : Zähne Kettenblatt

$$\mathbf{i = Z_{Ri} : Z_{Kb}}$$

Ist $i < 1$, handelt es sich um eine Übersetzung ins Schnelle, ist $i > 1$, ins Langsame.

Es wird sowohl die Drehzahl als auch das Drehmoment von der Antriebs- zur Abtriebswelle übersetzt.

Bei hintereinander geschalteten Getrieben ergibt sich die Gesamtübersetzung aus dem Produkt der Einzelübersetzungen.

$$\mathbf{i_{Ges} = i_1 \times i_2 \times i_3}$$

Entfaltung ist der Weg, den ein Laufrad pro Kurbelumdrehung zurücklegt. Sie liegt, je nach Übersetzung, zwischen 1 und 10 m.

Die Entfaltung (E) ist der Quotient aus der Gesamtübersetzung (i_G) und dem Laufradumfang (U).

$$\mathbf{E = U : i_G}$$

Die Geschwindigkeit (v) ist das Produkt aus der Entfaltung (E) und der Trittfrequenz (n).

$$\mathbf{v = E \times n}$$

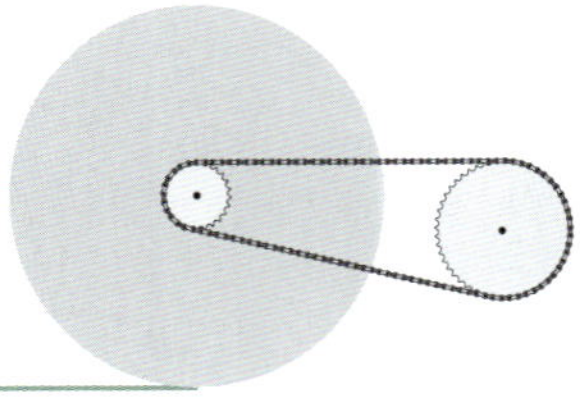

Schaltungs-beispiele	Bandbreite der Übersetzungen (ca.) in %	Entfaltung (ca.) in m zwischen kleinster und größter Übersetzung (1 2 3 4 5 6 7 8 9 10)	Geschwindigkeit (ca.) bei 70 Kurbelumdrehungen in km/h in der kleinsten Übersetzung	in der größten Übersetzung	Gewicht (ca.) in g
3-Gang Nabenschaltung (38 / 20 Zähne)	190	3,0 >>>>>>> 5,7	13	25	1.000
5-Gang Nabenschaltung (38 / 20 Zähne)	250	2,6 >>>>>>>>>>>> 6,6	11	29	1.300
8-Gang Nabenschaltung (38 / 20 Zähne)	308	2,2 >>>>>>>>>>>>>> 6,8	10	31	1.600
9-Gang Nabenschaltung (38 / 20 Zähne)	340	2,2 >>>>>>>>>>>>>>>>> 7,7	9	33	1.900
14-Gang Nabenschaltung (44 / 16 Zähne)	530	1,7 >>>>>>>>>>>>>>>>>>>>>>>>> 8,9	8	42	1.700
Stufenlose Nabenschaltung	360	2,0 >>>>>>>>>>>>>>>>>> 8,0	9,5	34	2.500
20-Gang Rennrad Kettenschaltung (39+53 / 12–25 Zähne)	280	3,4 >>>>>>>>>>>>>>>>>>>> 9,7	14	40	800
27-Gang Mountainbike Kettenschaltung (22–44 / 11–34 Zähne)	620	1,4 >>>>>>>>>>>>>>>>>>>>>>>>> 8,8	6	36	1.200
27-Gang Trekkingrad Kettenschaltung (26–48 / 11–32 Zähne)	540	1,8 >>>>>>>>>>>>>>>>>>>>>>>>>>> 9,6	7,5	40	1.200
27-Gang Kombination Naben-Kettenschaltung (3-Gang Nabe / 11–34 Zähne)	570	1,7 >>>>>>>>>>>>>>>>>>>>>>>>>>>> 9,8	6,5	38	1.600

Tretlager

Tretlager bestehen aus der Welle, den Lagern und dem Gehäuse. An der Tretlagerwelle sind die Kettenblätter und die Tretkurbeln mit Pedalen befestigt. Tret- oder auch Innenlager sind die am stärksten belasteten Lager am Fahrrad.

Es gibt 4 verschiedene Arten von Tretlagern. Am Anfang der Entwicklung standen die Schlagschalenlager, die auch heute noch an älteren Fahrrädern zu sehen sind.

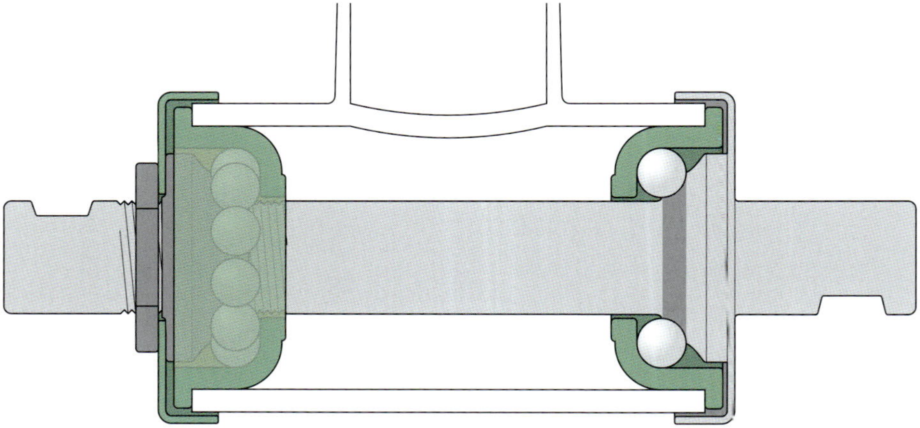

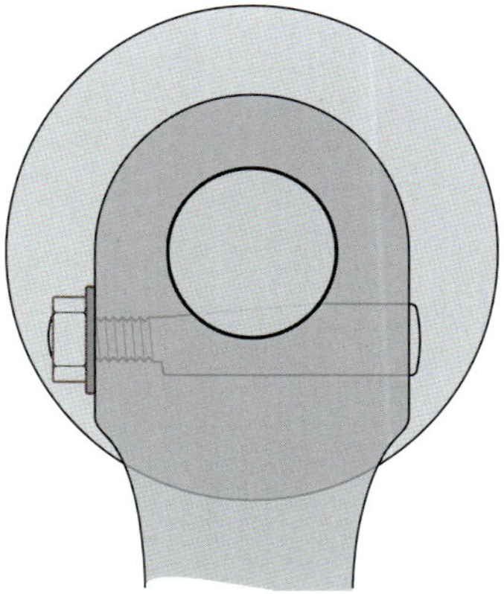

Bei Einschlaglagern werden die Lagerschalen mit der Öffnung nach außen in die Tretlagerhülse eingepresst. Der rechte Konus ist fest mit der Tretlagerwelle verbunden. Der linke, mit dem das Lagerspiel eingestellt wird, ist auf die Welle aufgeschraubt. Einfache Staubschutzdeckel dichten das Lager ab. Die Verbindung mit den Kurbeln erfolgt oft über Kurbelkeile.

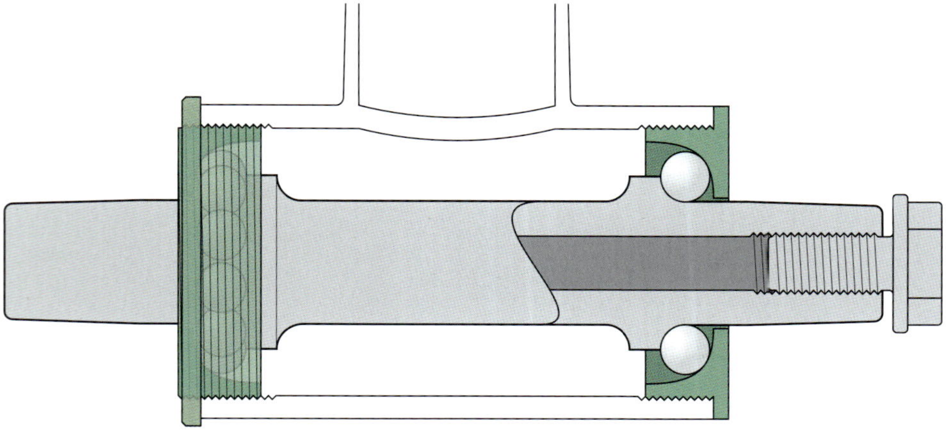

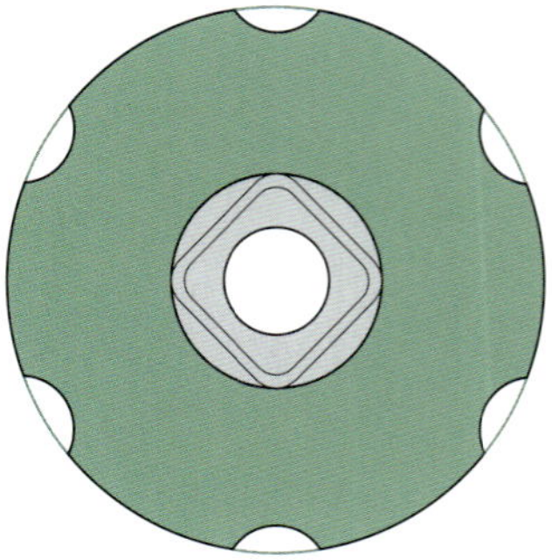

Bei Schraubschalenlagern sind die Tretlagerwelle und die Konen aus einem Stück. Die Lagerschalen werden in das Gehäuse eingeschraubt, wobei die linke zur Einstellung des Lagerspiels dient. Sie wird mit einem äußeren Ring gekontert. Die Kugeln laufen direkt zwischen dem Konus und der Lagerschale. Die Verbindung mit den Kurbeln erfolgt meist über einen Vierkant.

Tretlager	Außendurchmesser	Kurzbezeichnung	Erklärung
BSA 1,37 x 24	34,7 mm	ENG, englisch	links: Rechts-, rechts: Linksgewinde
ITA 36 x 24	35,9 mm	ITA, italienisch	beidseitig Rechtsgewinde
M 35 x 1	34,8 mm	FRA, französisch	beidseitig Rechtsgewinde
Glockenlager	40,0 mm	Thompson	Schlagschalen

Gängige Breiten für Tretlagerwellen sind 103, 107, 110, 113, 116, 119, 122, 132 mm.

Heute werden meist Patronenlager verwendet. Alle Tretlagertypen enthalten Wälzlager, die sich an den Enden der Tretlagerwelle befinden.

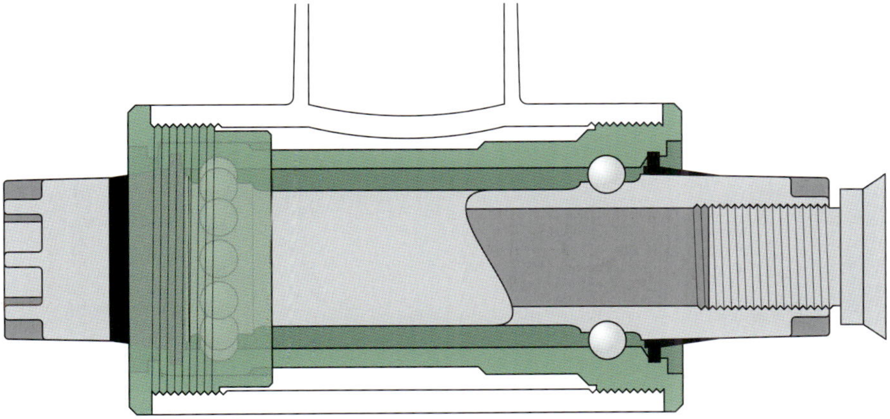

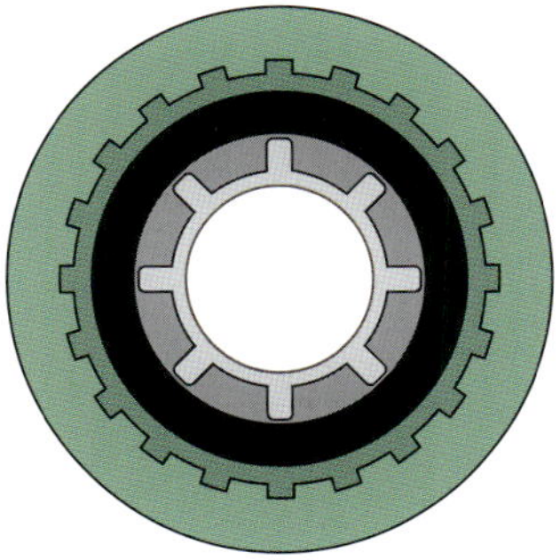

Patronenlager sind derzeit die meistverwendeten Tretlagertypen. Die beiden Wälzlager werden mit der Welle in die Patrone eingepresst. Dadurch sind sie vor Feuchtigkeit und Schmutz geschützt.

Patronenlager sind vollständig gekapselt, benötigen keine Wartung und können nicht eingestellt, nur komplett ausgetauscht werden. Die Verbindung mit den Kurbeln erfolgt über einen Vielzahn.

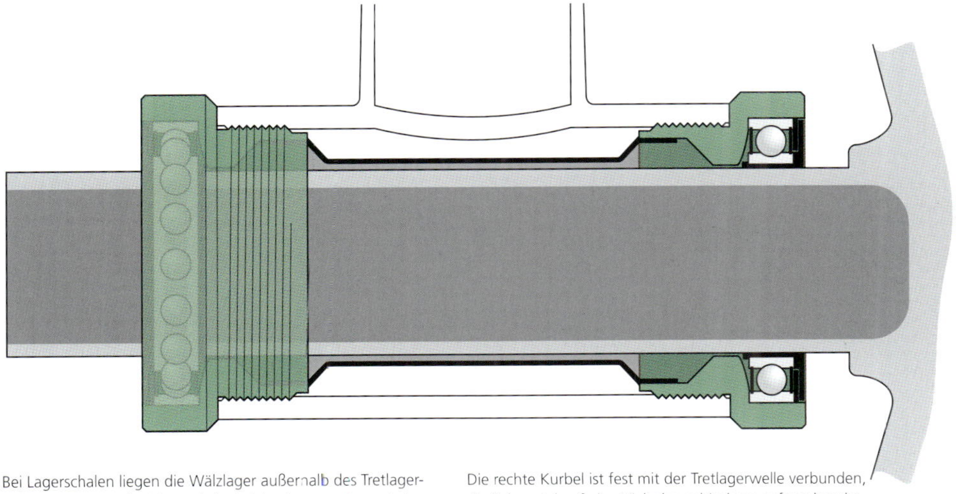

Bei Lagerschalen liegen die Wälzlager außerhalb des Tretlagergehäuses. Der große Abstand der beiden Lager verbessert das Verhältnis der Stabilität zum Gewicht.

Die rechte Kurbel ist fest mit der Tretlagerwelle verbunden, die linke wird auf eine Vielzahnverbindung aufgeschraubt.

Tretkurbeln und Kettenblätter

Tretkurbeln sind über die Pedale betätigte Hebel. Sie wandeln die Tretkraft des Radfahrers in eine Drehbewegung um, sie bestehen aus Aluminium, Stahl oder Carbon.

Rechts an der Kurbel sind die Kettenblätter befestigt. Eins für Nabenschaltungen, zwei oder drei für Kettenschaltungen. Sie sind die vorderen Zahnräder des Antriebs, meist aus Aluminium, Stahl oder Titan.

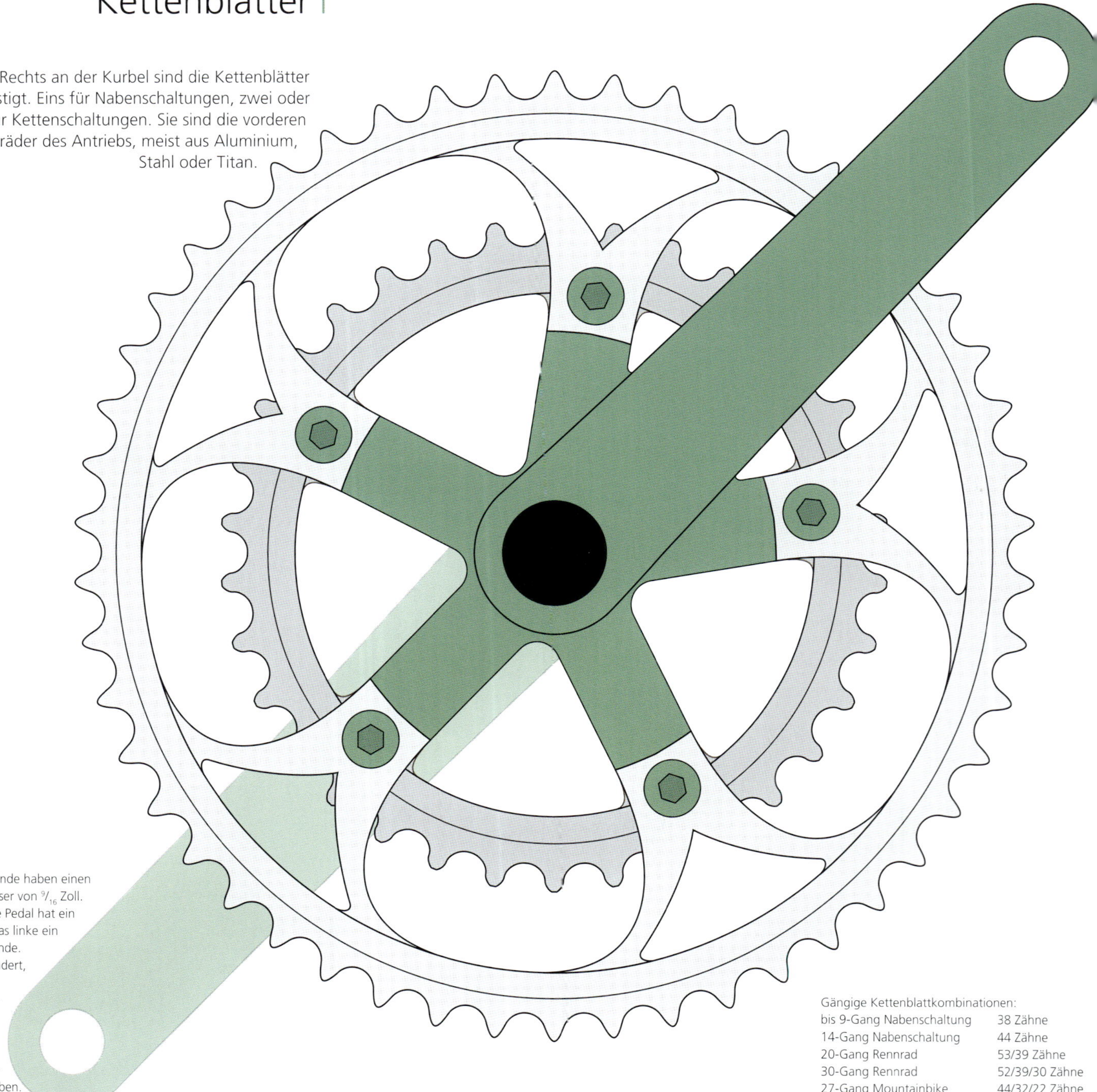

Pedalgewinde haben einen Durchmesser von $^{9}/_{16}$ Zoll. Das rechte Pedal hat ein Rechts-, das linke ein Linksgewinde. Das verhindert, dass sich die Pedale durch die Drehbewegung selbst herausschrauben.

Gängige Kettenblattkombinationen:

bis 9-Gang Nabenschaltung	38 Zähne
14-Gang Nabenschaltung	44 Zähne
20-Gang Rennrad	53/39 Zähne
30-Gang Rennrad	52/39/30 Zähne
27-Gang Mountainbike	44/32/22 Zähne

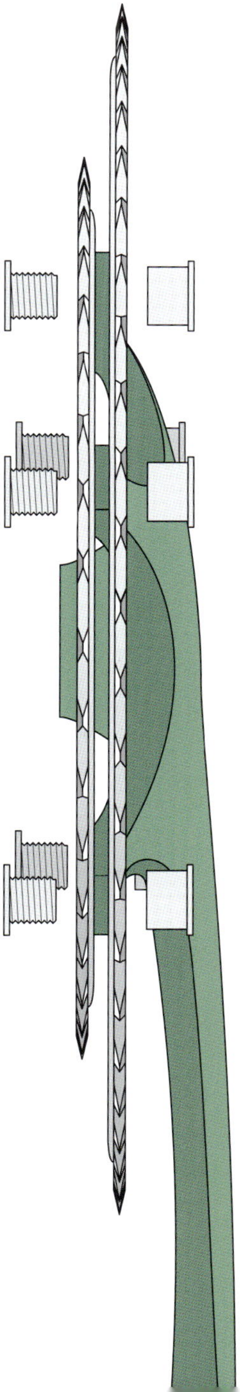

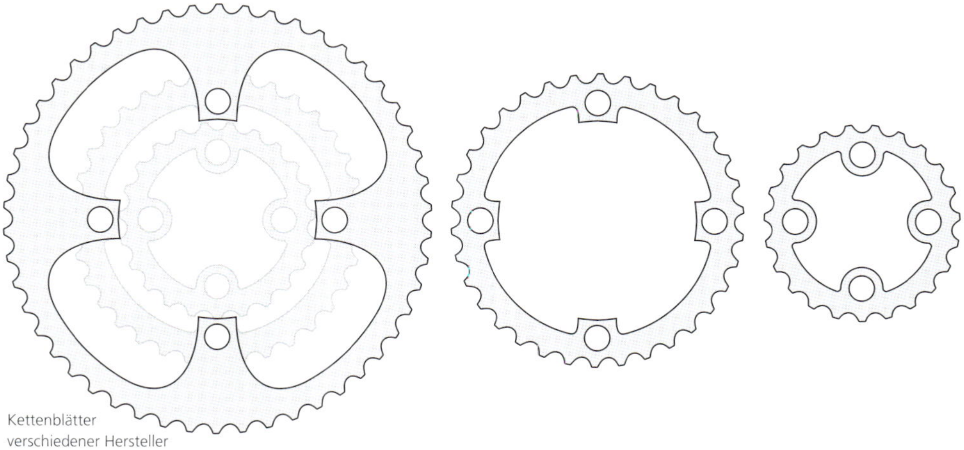

Kettenblätter verschiedener Hersteller passen wegen des ungleichen Lochkreisdurchmessers nicht zusammen. Der Lochkreis ist ein gedachter Kreis, auf dem sich die Befestigungslöcher befinden. Bei losen Kettenblättern wird der Lochabstand angegeben.

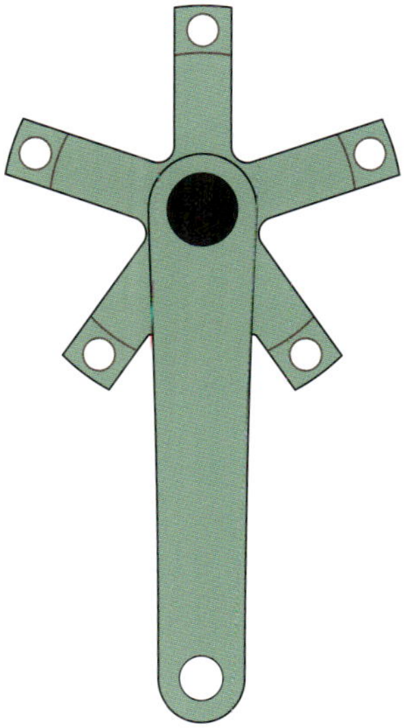

Ein gängiges Maß für den Lochkreisdurchmesser von 2fach-Kettenblattgarnituren mit Fünfarmkurbeln ist 130 mm. Das kleinstmögliche Kettenblatt hat hier 38 Zähne.

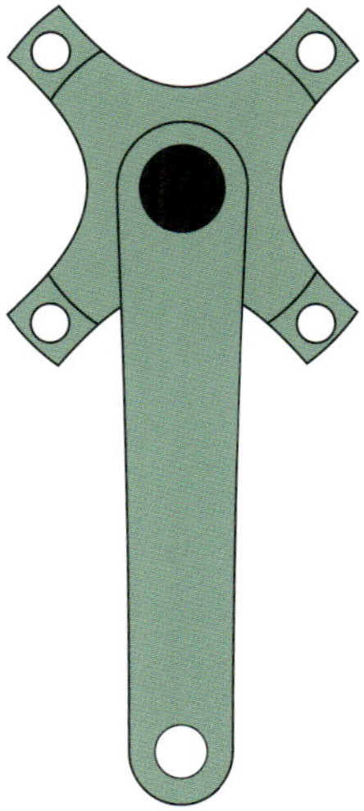

Für 3fach-Kettenblattgarnituren mit Vierarmkurbeln sind 104 mm ein geläufiger Wert für das äußere und mittlere Kettenblatt. Hier hat das kleinstmögliche Blatt 33 Zähne. Das innenliegende kleine Kettenblatt wird an gesonderte Gewindebohrungen an der Kurbelinnenseite geschraubt.

Pedale

Über die Pedale wird die Muskelkraft auf den Antrieb übertragen.

Blockpedale sind die Standardpedale. Der Pedalrahmen besteht aus Stahlblech, Kunststoff oder Aluminium und ist mit einem rutschfesten Belag oder Zacken versehen.

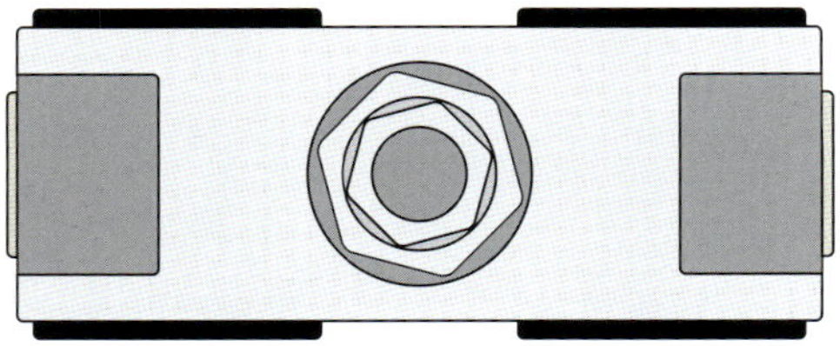

Blockpedal mit einstellbarer Konuslagerung. Das linke Pedal ist mit einem Linksgewinde, das rechte mit einem Rechtsgewinde versehen.

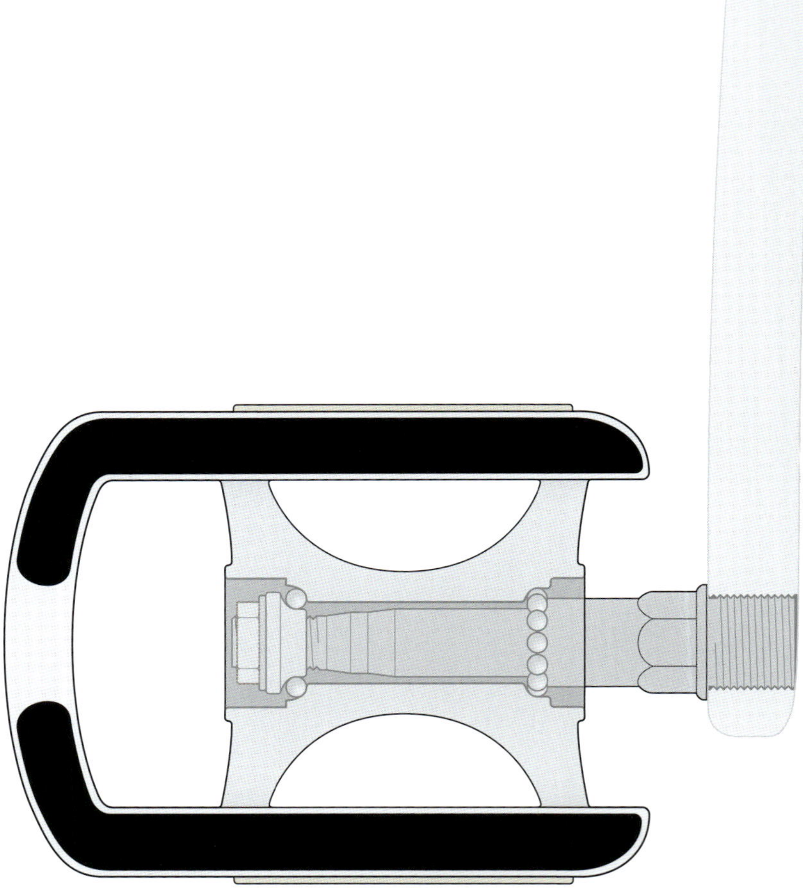

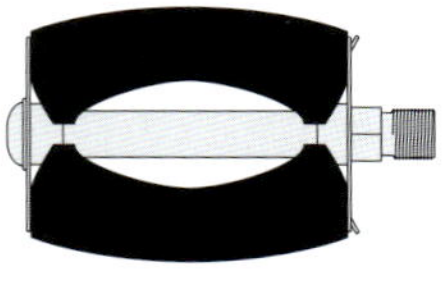

Der Pedalkörper des klassischen Blockpedals besteht aus Stahlblech und zwei Gummiblöcken.

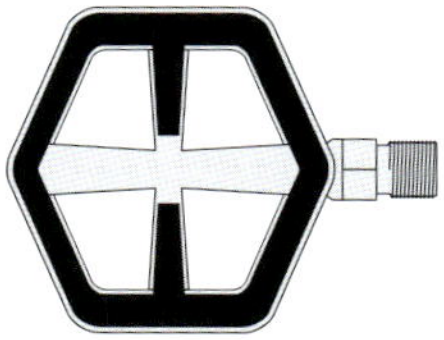

Bärentatzen sind sehr robuste, breite Pedale und werden meist an BMX-Rädern verwendet.

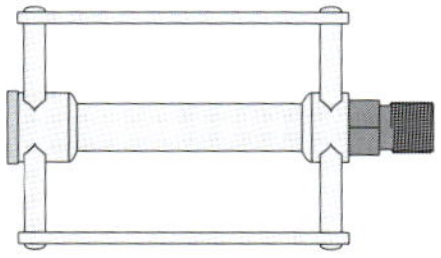

Rattrap-Pedale bestehen nur aus einem stark profilierten Metallkäfig und werden häufig an Mountainbikes verwendet.

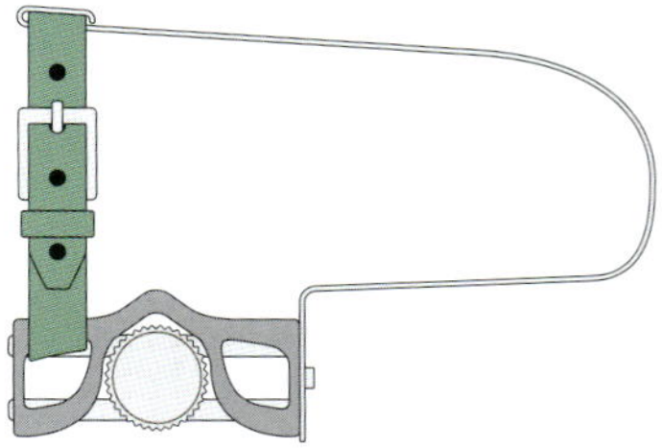

Hakenpedale sind die Vorläufer von Systempedalen. Auch hier lässt sich eine feste Verbindung zwischen Schuh und Pedal herstellen.

Systempedale verbinden Schuh und Pedal durch einen auf die Schuhsohle geschraubten Adapter, der in einen Mechanismus des Pedals eingerastet wird. Damit kann die Trittkraft nicht nur nach unten, sondern auch durch Ziehen nach oben genutzt werden.

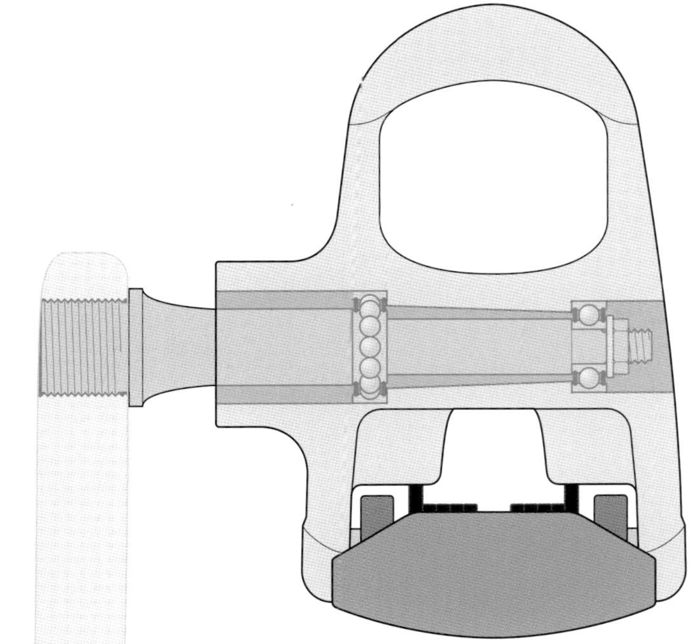

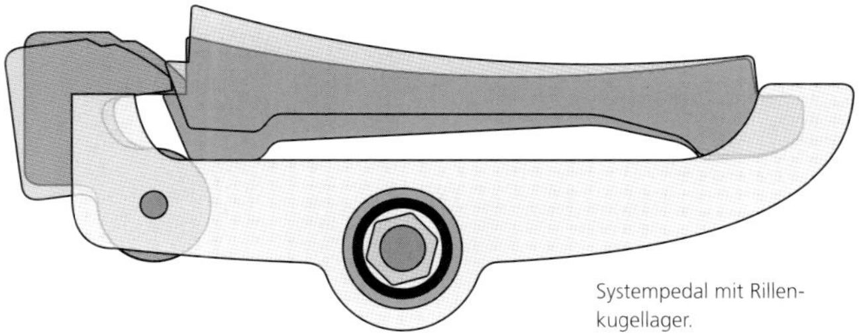

Systempedal mit Rillenkugellager.

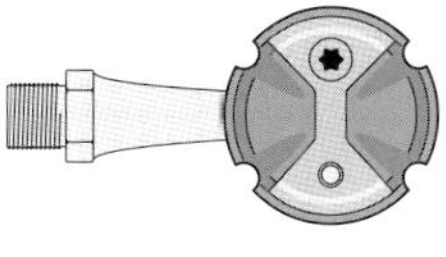

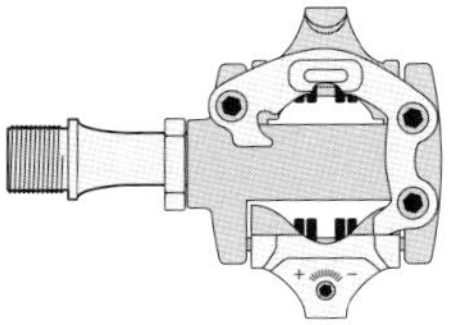

Verschiedene Klickpedale mit unterschiedlichen Systemen müssen mit den dazu passenden Schuhadaptern gefahren werden. Bei besseren Modellen lassen sich Bewegungsfreiheit, Auslösewinkel und Auslösekraft einstellen.

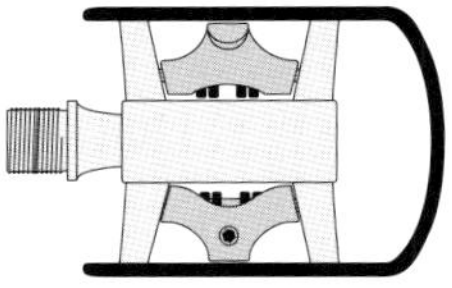

Kombipedale können auf einer Seite mit Fahrradschuhen und auf der anderen mit normalen Schuhen benutzt werden.

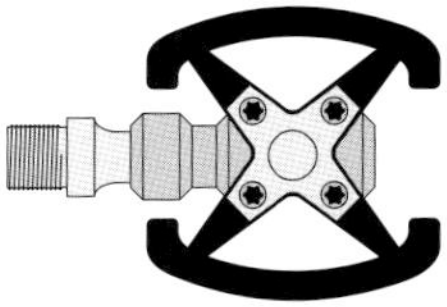

Magnetpedale ermöglichen eine variable Fußstellung auf dem Pedal. Das Lösen ist in alle Richtungen möglich.

Ketten

Fahrradketten verbinden das Kettenblatt mit dem Ritzel und übertragen die Tretkraft auf das Hinterrad.

Alle Fahrradketten haben die gleiche Teilung. Der Abstand von der Mitte eines Gelenkes zum nächsten beträgt immer 12,7 mm oder 1/2 Zoll, der Rollendurchmesser immer 7,8 mm.

Es gibt breite Ketten für Nabenschaltungen und schmale für Kettenschaltungen.

Die beiden wichtigsten Maße werden in Zoll angegeben: 1/2" x 3/32" bedeutet eine Kettenteilung von 1/2 Zoll und eine Innenbreite von 3/32 Zoll.

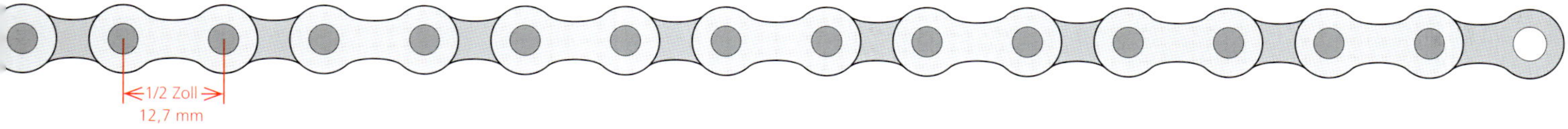

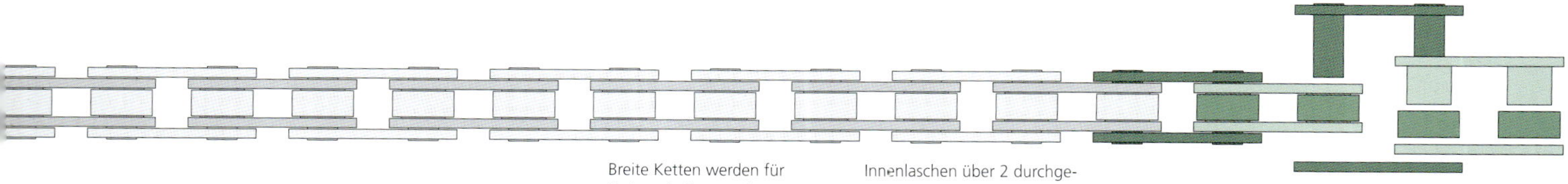

Breite Ketten werden für Nabenschaltungen benutzt. Sie heißen Hülsen- oder Rollenhülsenketten und bestehen abwechselnd aus Außen- und Innengliedern, wobei die Innenlaschen über 2 durchgehende Hülsen fest verbunden sind. Dazwischen sind die Rollen gelagert. Die seitliche Beweglichkeit ist gering, dafür die Stabilität höher.

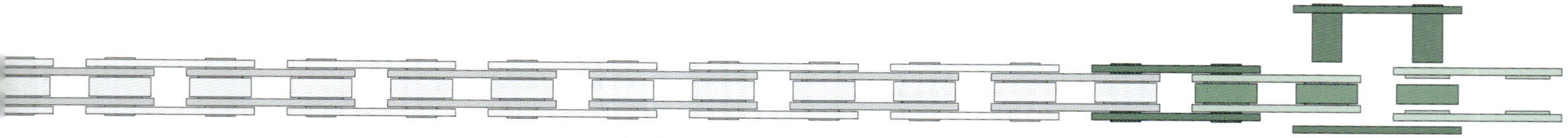

Schmale oder Lagerkragenketten werden für Kettenschaltungen benutzt. Im Gegensatz zu Hülsenketten sind die Innenlaschen nicht fest über Hülsen verbunden. Die Rollen lagern nur auf kurzen Kragen, die zu den Kettenbolzen der Außenlaschen und den Rollen etwas Spiel haben. Damit wird die Kette seitlich beweglicher. Das erleichtert den Schaltvorgang und erhöht die Lebensdauer der Ritzel.

Anwendung	Teilung	Innenbreite	Außenbreite
Ältere Nabenschaltungen	12,7 mm	4,0 mm	9,2 mm
Neuere Nabenschaltungen	12,7 mm	2,38 mm	6,8 mm
8/9er Kettenschaltungen	12,7 mm	2,2 mm	6,5 mm
10er Kettenschaltungen	12,7 mm	2,2 mm	6,2 mm

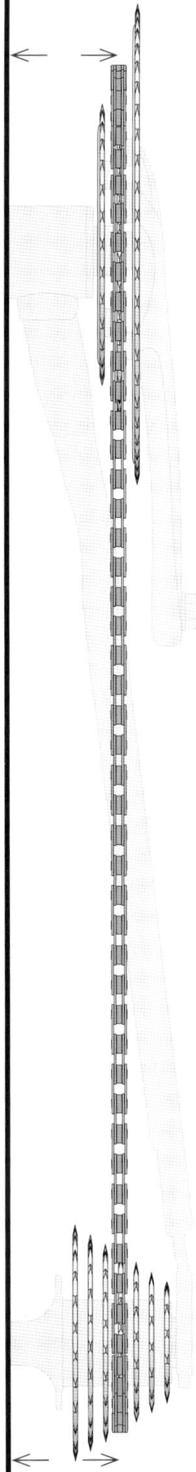

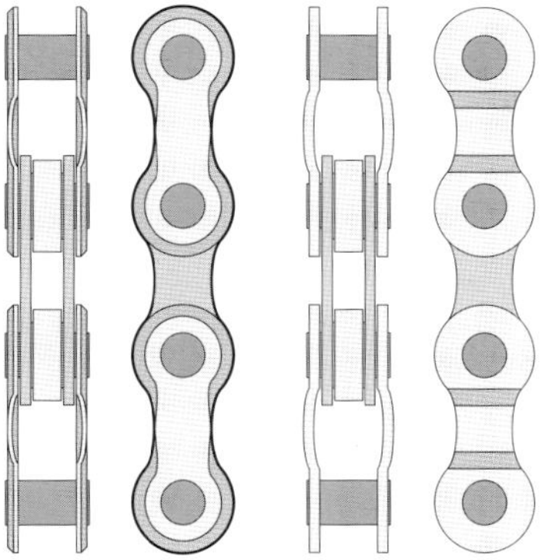

Angefaste und seitlich ausgestellte Kettenlaschen ermöglichen einen schnelleren und glatteren Wechsel von Ritzel zu Ritzel.

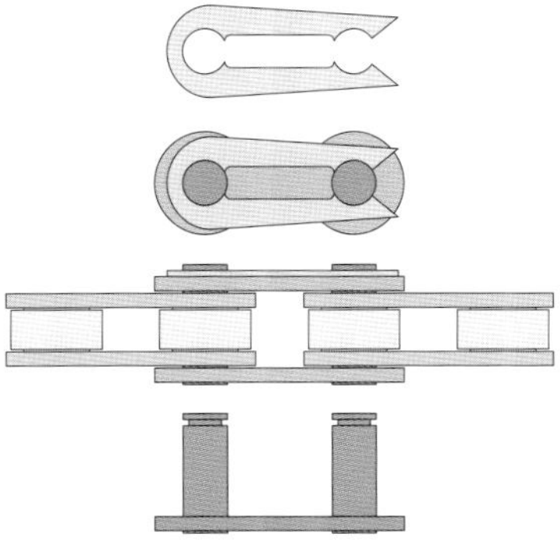

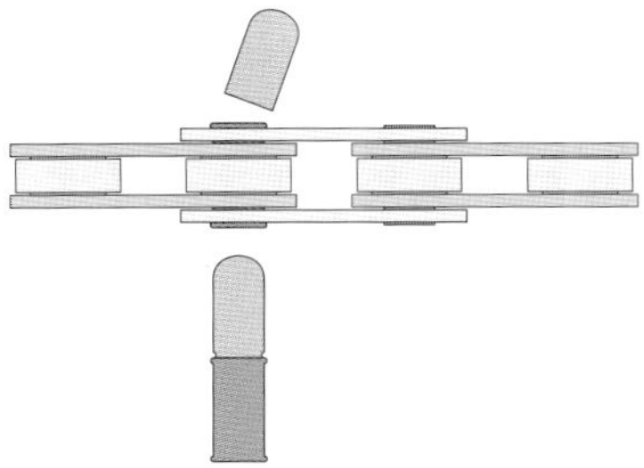

Die Kettenlinie ist der Abstand von der Rahmenachse zu Kettenblatt und Ritzel. Idealerweise läuft die Kette parallel zur Rahmenachse und erreicht so den maximalen Wirkungsgrad bei minimalem Verschleiß. Bei Nabenschaltungen ist das immer so. Bei Kettenschaltungen sollte die Kette in den am häufigsten verwendeten Gängen möglichst gerade verlaufen. Übliche Kettenlinien sind zwischen 40 und 50 mm.

Ketten für Nabenschaltungen werden mit einem Kettenschloss verbunden, dessen geschlossenes Ende in Fahrtrichtung zeigt. Bei Schaltungsketten wird hauptsächlich ein Reparaturniet verwendet.

Fahrradzahnriemen sind eine Alternative zu Ketten. Üblicherweise werden sie mit Nabenschaltungen kombiniert. Sie sind leichter als Ketten, haben eine längere Lebensdauer und müssen nicht geölt werden. Aber sie sind wesentlich teurer und der Hinterbau des Rahmens muss über eine Öffnung verfügen, da Zahnriemen im Gegensatz zu Ketten nicht teilbar sind.

Das Prinzip von Kettenschaltungen

Kettenschaltungen sind schaltbare Kettengetriebe und die am häufigsten verwendeten Fahrradgetriebe.

Kettenschaltungen bestehen aus abgestuften Zahnrädern auf der Hinterradnabe und 1-3 Zahnrädern an der Tretkurbel. Mit jeweils einem Schaltmechanismus lässt sich die Kette von Zahnrad zu Zahnrad verschieben und ermöglicht so unterschiedliche Übersetzungskombinationen.

Da die Kette so lang sein muss, dass sie vorne und hinten auf jeweils dem größten Zahnrad laufen kann, muss bei anderen Kombinationen der Kettenspanner die überschüssige Länge aufnehmen.

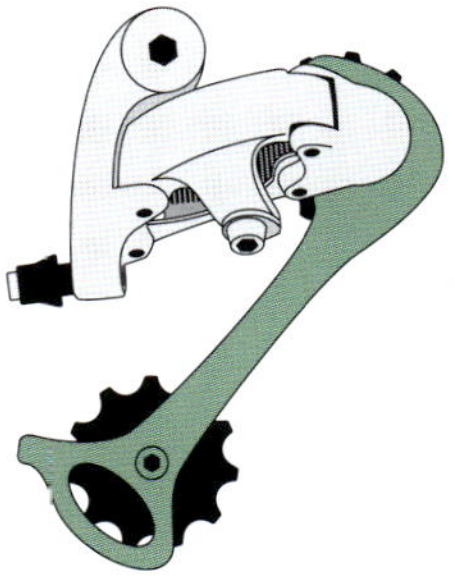

Schaltschwingen halten die Kette unter Spannung, wenn durch unterschiedliche Kombinationen aus Kettenblatt und Ritzeln überschüssige Länge aufgenommen werden muss. Je länger die Schwinge, desto größere Schaltungskapazitäter können bewältigt werden. Rennräder haben kurze und Mountainbikes lange Schaltschwingen.

Die Gesamtkapazität, die ein Schaltwerk bewältigen kann errechnet sich aus der Differenz des größten und kleinsten Kettenblatts addiert mit der Differenz aus größtem und kleinsten Ritzel.

Kettelblatt: 52 - 36 = 16
Ritzel: 25 - 11 = 14
Kapazität: 16 + 14 = 30

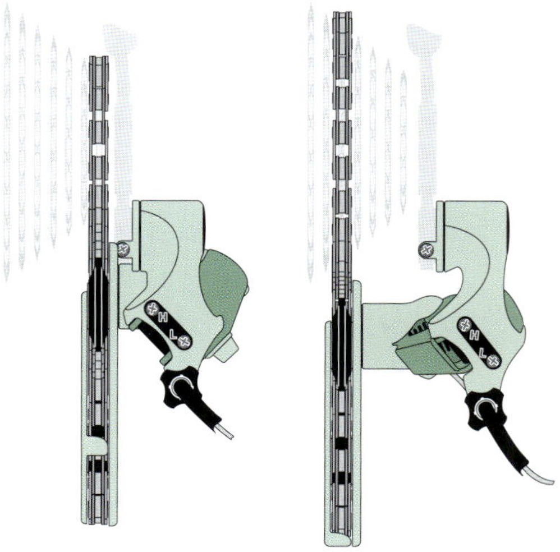

Die hinteren bis zu 11 Zahnräder oder Ritzel heißen Zahnkranzpaket oder Kassette. Die Kette wird mit dem Schaltwerk von Ritzel zu Ritzel bewegt. Dazu wird über den Schaltzug ein Parallelogramm betätigt, das den Schwenkkopf und damit die Schaltschwinge mit den Rädchen parallel am Zahnkranzpaket vorbeiführt und so die Kette von einem Ritzel zum nächsten führt. Speziell geformte Zähne erleichtern den Überlauf zwischen den Ritzeln, so dass sogar ein Schalten unter Last möglich wird.

Rein rechnerisch haben Kettenschaltungen mit 3 Kettenblättern und 10 Ritzeln, 30 Gänge. In der Realität ergeben sich jedoch doppelt belegte Übersetzungen. So führen z.B. die Kombinationen 24/24 oder 32/32 an einer Mountainbikegruppe beide zum gleichen Übersetzungsverhältnis. Andere liegen so dicht beieinander, dass sie nicht als echte Gänge bezeichnet werden können. Eine Schaltung mit theoretisch 30 Gängen, erreicht um die 15 wirklich unterschiedliche Übersetzungen.

Die vorderen bis zu 3 Zahnräder heißen Kettenblätter. Die Kette wird hier mit dem Umwerfer von Blatt zu Blatt verschoben.

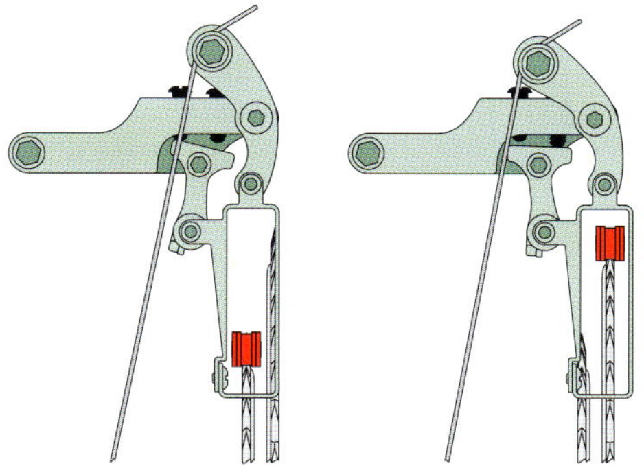

Zur Ermittlung der benötigten Kettenlänge wird die Kette vorne auf das größte Blatt und hinten auf das kleinste Ritzel gelegt. Die beiden Schaltungsrollen des Kettenspanners sollten nun senkrecht übereinanderstehen.

Rennradschaltung MTB-Schaltung

Rennräder und Mountainbikes haben fast ausschließlich Kettenschaltungen. Die Komponenten funktionieren gleich, Übersetzung und Entfaltung unterscheiden sich aber deutlich. Die komplette Schaltung nennt man Gruppe.

Die Anforderungen, die an ein Rennrad gestellt werden, sind in erster Linie das Erreichen hoher Geschwindigkeiten und gute Beschleunigung. Daher ist neben der geeigneten Übersetzung und Gangabstufung auch das geringe Gewicht der Komponenten ein wichtiger Aspekt. Immer mehr Teile sind aus Carbon.

Das Schalten soll schnell, leicht und präzise geschehen, so dass die Komponenten hochwertig sein müssen. Bremsschalthebel, bei denen die Hände alle Funktionen bedienen können, ohne den Lenker loszulassen, erhöhen die Sicherheit und Schaltgeschwindigkeit.

Elektrische Systeme verbessern Komfort und Wartungsfreundlichkeit weiter.

11-fach-Rennradkassette.
Eine typische Abstufung beim Rennrad sind Ritzel mit 11, 12, 13, 14, 15, 16, 17, 19, 21, 23 und 25 Zähnen.

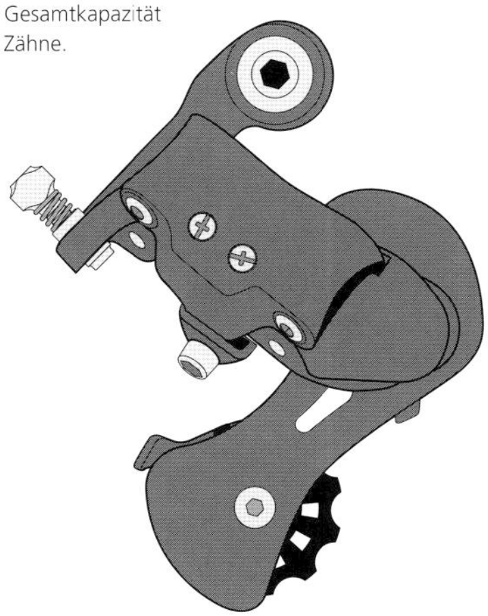

11-fach-Rennradschaltwerk, fast komplett aus Carbon, mit kurzem Käfig, das größte Ritzel darf nicht mehr als 29 Zähne haben, die Gesamtkapazität beträgt 33 Zähne.

Bei Mountainbikegruppen liegt der Schwerpunkt auf der großen Übersetzungsbreite vor allem im unteren Bereich. Auch im extremen Gelände muss ein passender Gang vorhanden sein.

Wie beim Rennrad soll die Bedienung schnell und präzise erfolgen. Leichtbau und damit die Verwendung von Carbonteilen sind bei teureren Ausführungen Standard.

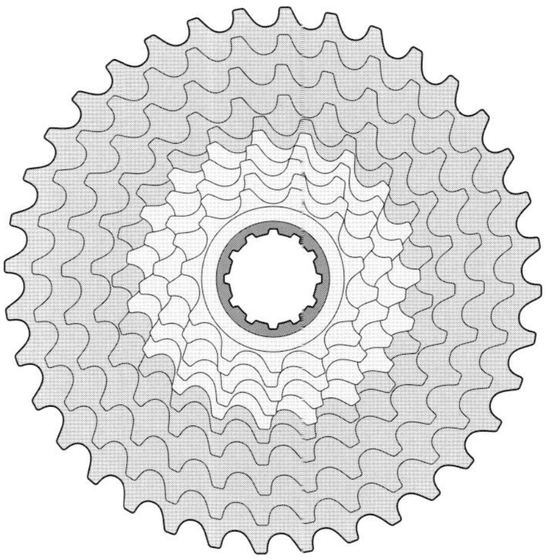

10-fach-Mountainbikekassette.
Eine Typische Abstufung beim Mountainbike sind Ritzel mit 11, 13, 15, 17, 19, 21, 24, 28, 32 und 36 Zähnen.

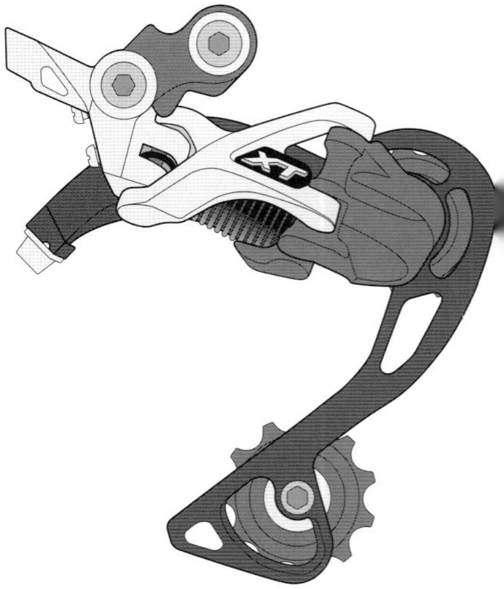

10-fach-Mountainbikeschaltwerk mit langem Käfig.
Das größtmögliche Ritzel darf 34 Zähne haben, die Gesamtkapazität beträgt 43 Zähne.

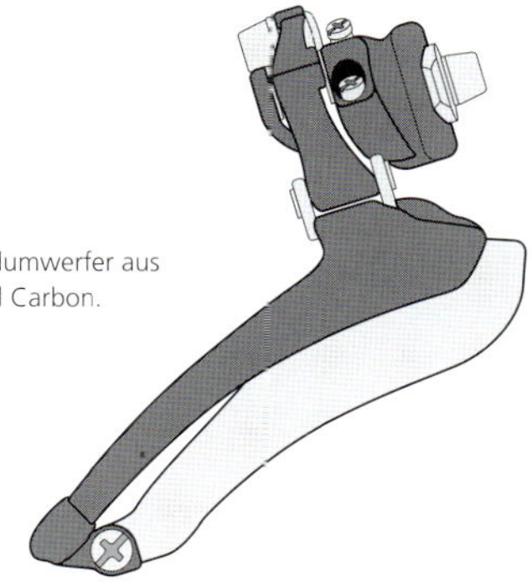

2-fach-Rennradumwerfer aus Aluminium und Carbon.

2-fach-Rennradkurbel aus Aluminium und Carbon mit einer Kettenblattabstufung von 52/36 Zähnen.

Größt- und kleinstmögliche Entfaltung bei 52/36 und 11/23 Zähnen und einem Laufradumfang von 2,1 m.

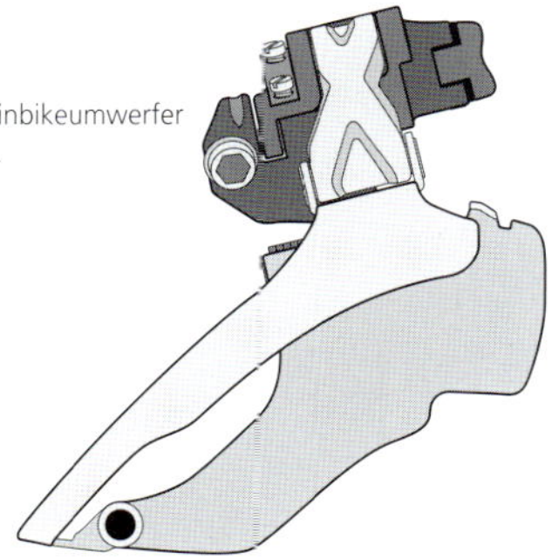

3-fach-Mountainbikeumwerfer aus Aluminium.

3-fach-Mountainbikekurbel mit einer Kettenblattabstufung von 42/32/24 Zähnen.

Größt- und kleinstmögliche Entfaltung bei 42/24 und 11/36 Zähnen und einem Laufradumfang von 2,1 m.

Das Prinzip von Nabenschaltungen

Nabenschaltungen befinden sich in der Hinterradnabe. Sie sind vollständig geschlossen und so vor Umwelteinflüssen geschützt. Der Verschleiß ist daher geringer als bei Kettenschaltungen.

Nabenschaltungen enthalten Planetengetriebe. Häufig werden verschiedene Planetengetriebe kombiniert. So sind Schaltungen mit bis zu 14 Gängen möglich.

Sie müssen kaum gewartet werden und haben nur wenig Verschleiß, das gilt vor allem auch für die Kette. Ein weiterer Vorteil ist die symmetrische Einspeichung des Hinterrades, die die Belastung der Speichen reduziert.

Der Wirkungsgrad ist etwas geringer als bei einer gut gepflegten Kettenschaltung.

Die Gänge können im Stand ohne zu treten eingelegt werden.

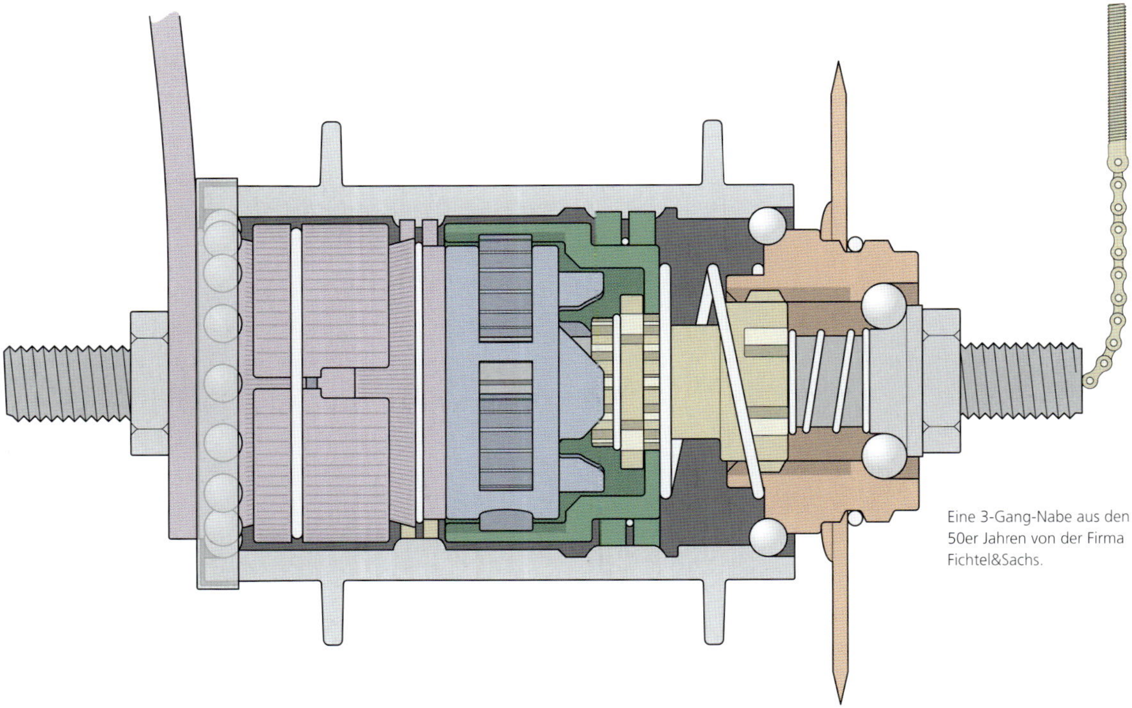

Eine 3-Gang-Nabe aus den 50er Jahren von der Firma Fichtel&Sachs.

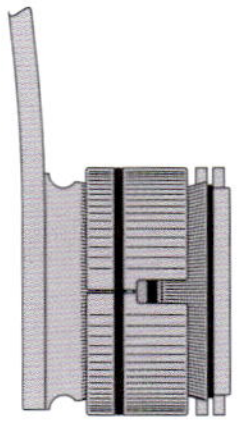

Rücktrittbremse mit Sperrklinken-Bremskonus

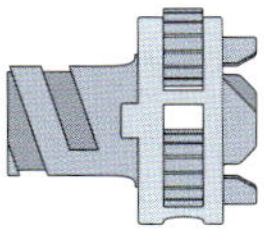

Planetenräder mit Planetenradträger

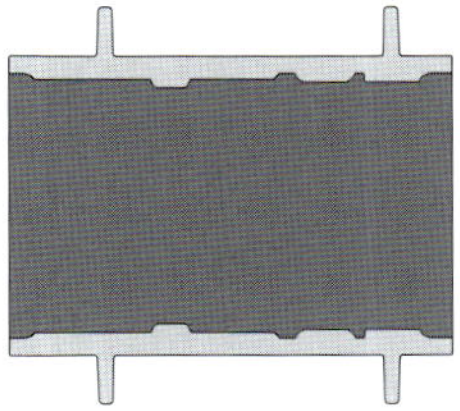

Nabenhülse

Hohlrad mit Sperrklinken

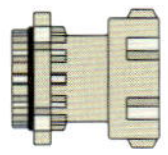

Kupplungsrad

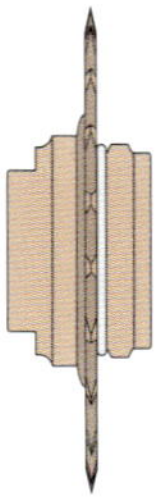

Antreiber mit Ritzel

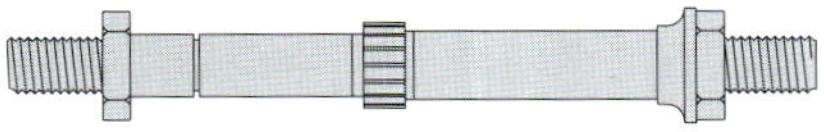

Hohlachse mit Sonnenrad

Zugstange mit Schubklotz

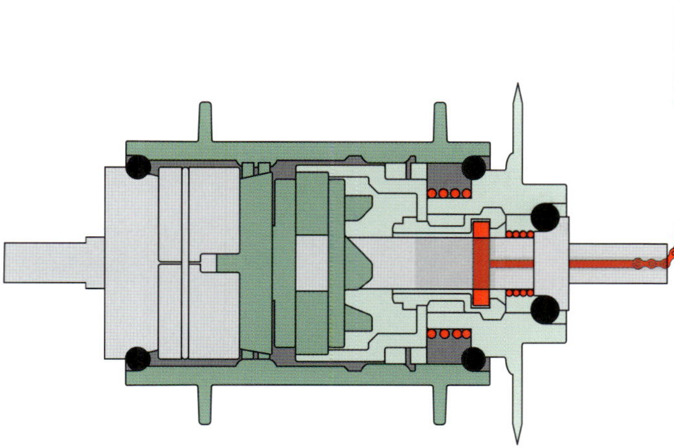

1. Gang, Berggang

Der Schaltzug ist voll gespannt.

Das Kupplungsrad zieht gegen den Federdruck das Hohlrad nach rechts, dessen Sperrklinken so nicht in die Nabenhülse greifen.

Das Kupplungsrad dreht das Hohlrad, das wiederum den Planetenträger, der sich etwa 1/3 langsamer dreht.

Der Planetenträger dreht den Bremskonus, dessen Sperrklinken die Nabenhülse antreiben.

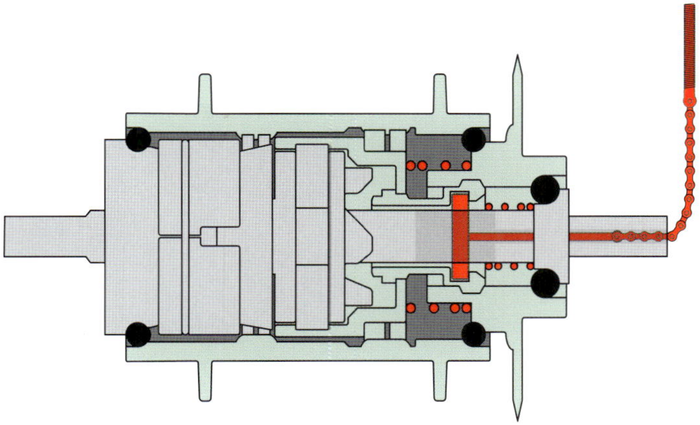

2. Gang, Normalgang

Der Schaltzug ist halb gespannt.

Die Federn drücken das Hohlrad nach links, dessen Sperrklinken in die Nabenhülse greifen.

Das Kupplungsrad dreht das Hohlrad, dessen Sperrklinken die Nabenhülse direkt antreiben.

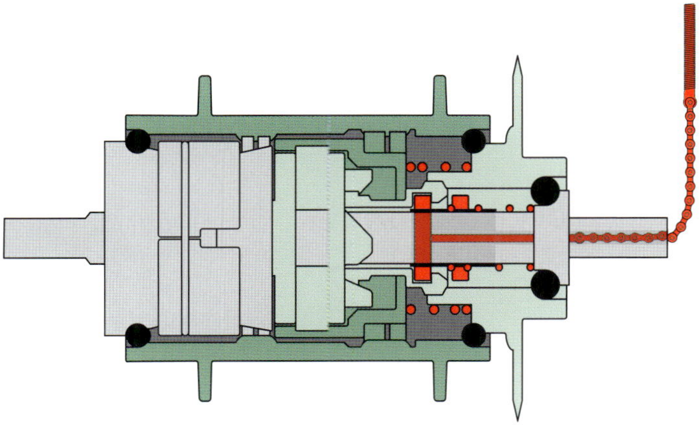

3. Gang, Schnellgang

Der Schaltzug ist entspannt.

Die Federn drücken das Kupplungsrad nach links, so dass es in den Planetenträger greift und ihn antreibt.

Die Planetenräder treiben das Hohlrad, das sich etwa 1/3 schneller dreht, an.

Das Hohlrad treibt die Nabenhülse an.

Aktuelle Naben-schaltungsmodelle

Bei Nabenschaltungen lässt sich der ganze Übersetzungsbereich durch die Auswahl entsprechnder Kettenblätter oder Ritzel verschieben. Die Sprünge zwischen den einzelnen Gängen können nicht beeinflusst werden.

	Schaltung	Schaltumfang in Prozent	Entfaltung in Meter (<leinster und größter Gang, gerundet)	Gewicht in Gramm
1	**1-Gang-Singlespeed-nabe SRAM** Kettenblatt 38 Zähne Ritzel 19 Zähne Laufradumfang 2 m	100	4	480
2	**2-Gang-Automatik-nabe von SRAM** Kettenblatt 38 Zähne Ritzel 19 Zähne Laufradumfang 2 m	136	4 und 5,4	mit Rücktritt 980 mit Freilauf 780
3	**3-Gang-Nabe i-motion von SRAM** Kettenblatt 38 Zähne Ritzel 19 Zähne Laufradumfang 2 m	186	2,9 und 5,4	mit Rücktritt 1390 ohne Bremse 1120
4	**4-Gang-Nabe von Shimano** Kettenblatt 38 Zähne Ritzel 19 Zähne Laufradumfang 2 m	184	4 und 7,4	mit Rücktritt 1700 ohne Bremse 1370
5	**5-Gang-Nabe von Sturmey-Archer** Kettenblatt 38 Zähne Ritzel 19 Zähne Laufradumfang 2 m	251	2,5 und 6,4	mit Rücktritt 1630 Trommelbremse 1460 ohne Bremse 1230
7	**7-Gang-Nabe von SRAM** Kettenblatt 38 Zähne Ritzel 19 Zähne Laufradumfang 2 m	303	2,3 und 7	mit Rücktritt 1714 ohne Bremse 1556

	Schaltung	Schaltumfang in Prozent	Entfaltung in Meter (kleinster und größter Gang, gerundet)	Gewicht in Gramm
8	**8-Gang-Nabe Nexus von Shimano** Kettenblatt 38 Zähne Ritzel 19 Zähne Laufradumfang 2 m	307	2,1 und 6,5	mit Rücktritt 2040 ohne Bremse 1775
9	**9-Gang-Nabe i-motion von SRAM** Kettenblatt 38 Zähne Ritzel 19 Zähne Laufradumfang 2 m	340	2,2 und 7,3	mit Rücktritt 2400 ohne Bremse 1960
∞	**Stufenlose Nabe N360 von NuVinci** Kettenblatt 38 Zähne Ritzel 19 Zähne Laufradumfang 2 m	360	2,0 und 7,2	2450
11	**11-Gang-Nabe Alfine von Shimano** Kettenblatt 38 Zähne Ritzel 19 Zähne Laufradumfang 2 m	409	2,1 und 8,6	1600
14	**14-Gang-Nabe von Rohloff** Kettenblatt 40 Zähne Ritzel 14 Zähne Laufradumfang 2 m	526	1,6 und 8,4	1800
18	**18-Gang-Tretlagergetriebe von Pinion** Kettenblatt 30 Zähne Ritzel 26 Zähne Laufradumfang 2 m	636	1,3 und 8,1	2698

Schalthebel

Mit Schalthebeln werden die Gangschaltungen an Fahrrädern betätigt.

Schalthebel unterscheidet man in Ausführungen für Tourenrad-, MTB- oder Rennradlenker. Lenkerunabhängige Schalthebel sind nicht mehr üblich. Weiterhin in Systeme mit Einrastmechanismus und Friktionsschalthebel, bei denen die Gänge nicht einrasten, sondern über erhöhte Reibkräfte stufenlos eingestellt werden.

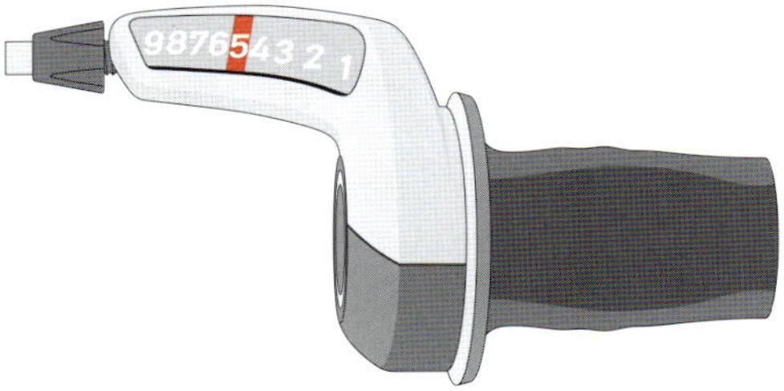

Drehgriffschalter gibt es als Reibungsschalter sowie in indizierten Ausführungen, bei denen die Gänge in Stufen einrasten. Bei den meisten Schaltungen erfolgt die Indizierung im Griff.

Push-Pull-Schalter haben nur einen Hebel mit dem sowohl herauf, als auch heruntergeschaltet wird. Sie sind nicht mehr üblich.

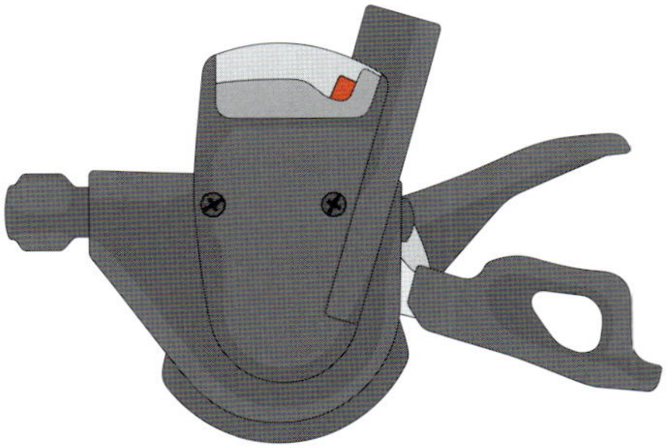

Push-Push-Schalter sind mit Drehgriffen die häufigste Bauform. Sie werden über Hebel mit dem Daumen bzw. Zeigefinger bedient. Ein Hebel dient zum Hochschalten, der andere schaltet in die niedrigeren Gänge. Solche Schalthebel sind grundsätzlich indiziert. Oft sind sie mit Bremshebeln kombiniert.

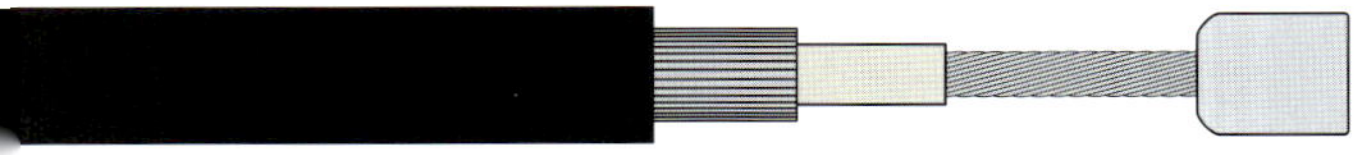

Schaltzugaußenhüllen enthalten parallel angeordnete Federstahldrähte, die eine Längung und damit ein ungenaues Arbeiten der indizierten Schaltsysteme verhindern.

Unterrohrschalthebel wurden an Rennrädern benutzt und sind heute nicht mehr gebräuchlich. Ein oder zwei Schalthebel sind im oberen Drittel des Unterrohres auf Anlötsockeln oder einer Schelle angebracht. Es gibt Bauformen als Reibungsschalter, meist für den Umwerfer, und indizierte Systeme für das Schaltwerk.

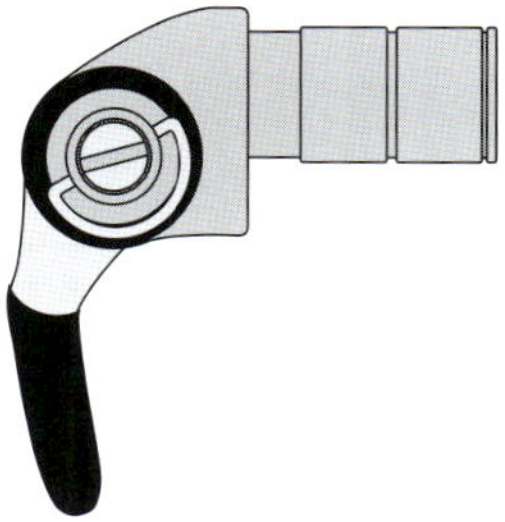

Lenkerendschalthebel werden an den Lenkerenden montiert und ermöglichen ein schnelles und sicheres Schalten. Sie werden meist an Renn- und Reiserädern verwendet.

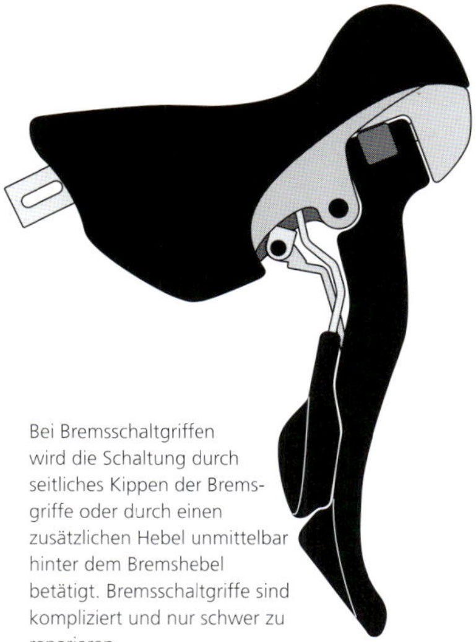

Bei Bremsschaltgriffen wird die Schaltung durch seitliches Kippen der Bremsgriffe oder durch einen zusätzlichen Hebel unmittelbar hinter dem Bremshebel betätigt. Bremsschaltgriffe sind kompliziert und nur schwer zu reparieren.

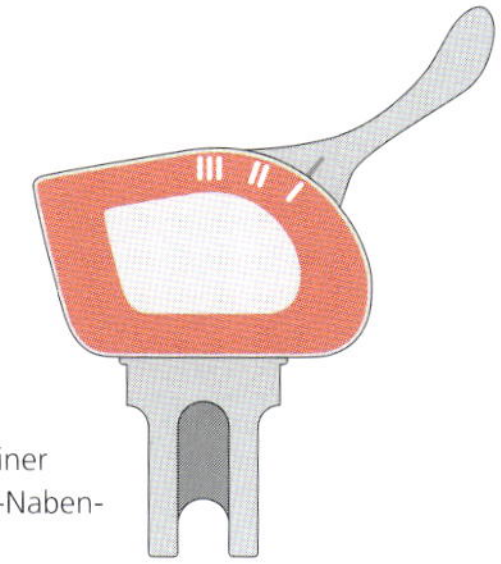

Schalthebel einer alten 3-Gang-Nabenschaltung.

Fahrrad mit Hilfsmotor

Den Wunsch, einen Motor zur Unterstützung am Fahrrad anzubringen, verspürten schon die ersten Fahrradkonstrukteure und -benutzer. Die Vorläufer des Motorrades waren nichts anderes als Fahrräder mit Hilfsmotoren.

Schon im ausgehenden 19. Jahrhundert gab es die ersten Fahrräder, die mit einem Hilfsmotor ausgestattet waren. Es gibt sogar Zeichnungen von einem Hochrad mit Dampfmaschine. Vor allen Dingen in Notzeiten, wie während und nach den Weltkriegen, waren die relativ günstigen und sparsamen Fahrzeuge beliebt. Es gab bereits alle heute populären Bauformen und einige mehr, die sich als nicht praktikabel erwiesen haben, nur meistens mit Verbrennungsmotoren.

Die Motoren befanden sich in oder an Vorder- oder Hinterrad. Oder darüber, wo sie das Laufrad mit einer Reibrolle antrieben. Es wurden Tretlagermotoren eingebaut oder die Maschine in den Rahmen montiert, die Vorstufe zum Motorrad.

Ein 1910 gefahrenes Fahrrad mit abnehmbarem Hilfsmotor. Ein Pierce Chainless mit einem Smith Motorwheel, das über eine Stange an der Sitzstrebe befestigt wurde. Mit diesem „Motorrad" erreichte man Geschwindigkeiten von beinahe 50 km/h. Das Motorwheel wurde auch an vierrädrigen Fahrzeugen und im Winter sogar an Schlitten angebracht.

Elektroantriebe

Erste Elektrofahrräder gab es ebenfalls schon Ende des 19. Jahrhunderts. Allerdings verhinderte die nicht ausgereifte Akkutechnik, wie beim Automobil, eine Weiterentwicklung.

Heute sind Elektroräder die erfolgreichsten Elektrofahrzeuge. Im Vergleich zu Europa sind mit Strom betriebene Fahrräder z. B. in China sehr viel weiter verbreitet.

Ein modernes Elektrorad. Ein Trekkingbike mit Mittelmotor und unter dem Gepäckträger angebrachtem Akku.

Pedelec und Elektroantrieb

Ein Pedelec ist ein Elektrofahrrad, bei dem der Motor nur arbeitet, wenn in die Pedale getreten und eine Geschwindigkeit von 25 km/h nicht überschritten wird.

Durch die Nutzung eines Pedelecs können Ziele schneller und kraftschonender erreicht werden.

Der Anschaffungspreis ist höher als für ein herkömmliches Fahrrad. Dazu kommen Aufwendungen für den regelmäßigen Austausch des Akkus und die Stromkosten.

Die ersten marktreifen Geräte gab es bereits 1992. Mittlerweile haben Pedelecs einen Marktanteil von rund 10 % aller Fahrräder erreicht.

Der Antrieb eines Elektrorades lässt sich an drei Stellen unterbringen: Im Vorderrad, im Hinterrad oder am Tretlager. Alle drei Varianten haben Vor- und Nachteile, jedes der Konzepte kann gut oder schlecht umgesetzt sein. Es ist sinnvoll, vor dem Kauf alle drei Varianten zu probieren, um zu sehen, welches am besten gefällt.

Die meisten E-Räder haben drei oder vier Unterstützungsstufen, manche auch noch mehr. Typischerweise unterstützen sie in der kleinsten Stufe mit zusätzlichen 50 %, auf der größten mit 200 bis 300 % der eigenen Fahrerleistung.

Die im Hinterrad verbauten Nabenmotoren sind meist große Direktläufer. Ein Heckantrieb wird in der Regel mit Kettenschaltungen kombiniert, ein Nabendynamo kann eingebaut werden. Hinterradantriebe unterstützen häufig kräftig, kaum verzögert und genau an das eigene Fahrverhalten angepasst.

Für einen Tretlagermotor muss die Rahmengeometrie speziell angepasst werden und er kann daher nicht nachgerüstet werden. Diese Variante lässt sich dafür mit allen Schaltungen und mit einem Nabendynamo kombinieren. Tretlagerantriebe unterstützen kaum verzögert und genau an das eigene Fahrverhalten angepasst.

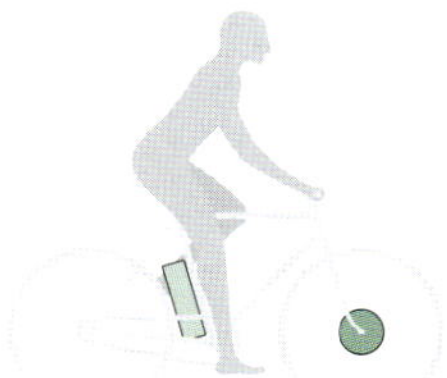

Ein Frontantrieb ist in der Regel sehr kompakt, da meist Getriebemotoren verbaut werden. Es kann jede Art von Schaltung und auch eine Rücktrittbremse eingebaut werden. Ein Nabendynamo jedoch nicht. Das Ansprechverhalten ist oft verzögert, dann greift der Motor jedoch abrupt ein.

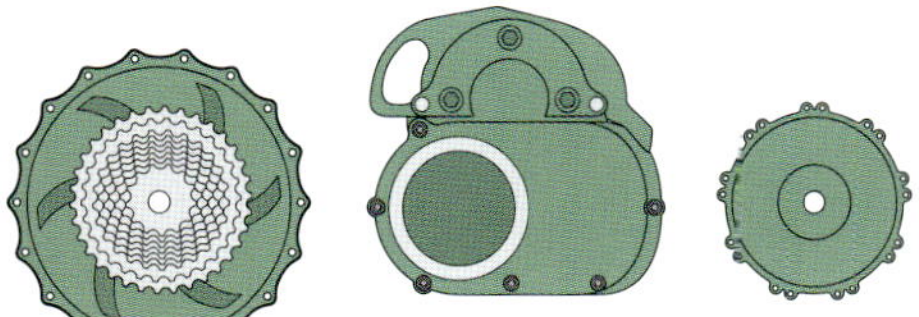

An Elektrorädern werden zwei Arten wartungsarmer, bürstenloser Elektromotoren verwendet.

Direktläufermotoren, meist im Hinterrad verbaut, sind größer und schwerer, dafür leiser. Eine Energierückspeisung beim Bremsen oder Bergab-Fahren ist möglich, der Motor funktioniert dann wie ein Dynamo.

Getriebemotoren, meist am Tretlager oder im Vorderrad angebracht, sind kleiner und leichter, verursachen jedoch ein höheres Fahrgeräusch. Eine Energierückgewinnung ist nicht möglich.

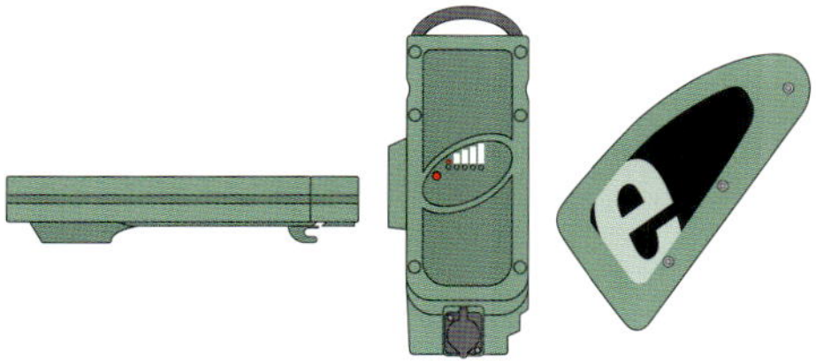

Der Akku, der üblicherweise am Unterrohr, Sitzrohr oder unter dem Gepäckträger angebracht ist, versorgt das Elektrorad mit Energie. Entscheidend bei der Auswahl sind Preis, Kapazität und die Lebensdauer. Ein guter, neuer Akku ist relativ teuer und hält etwa 20.000 km. Aber auch das Gewicht und die Aufladegeschwindigkeit sind wichtige Faktoren.

Die heute gängigen Lithium-Ionen-Akkus nehmen durch Kälte keinen Schaden, können aber nicht ihre volle Leistung bereitstellen.

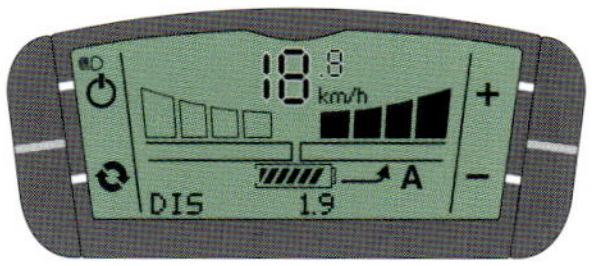

Die Steuerung muss dem Motor entsprechend dem Einsatz des Fahrers und der gewählten Unterstützungsstufe Befehle geben. Dazu braucht sie Informationen über Geschwindigkeit und Trittverhalten des Fahrers. Einfache Systeme messen nur, wie schnell getreten wird. Diesen Systemen fehlt die Information, mit welcher Kraft ins Pedal getreten wird, wodurch die Leistungszugabe als unharmonisch empfunden werden kann.

Bessere Systeme haben Drehmomentsensoren, die Kraft und die Trittfrequenz messen. Sie können die Motorenunterstützung wesentlich genauer steuern.

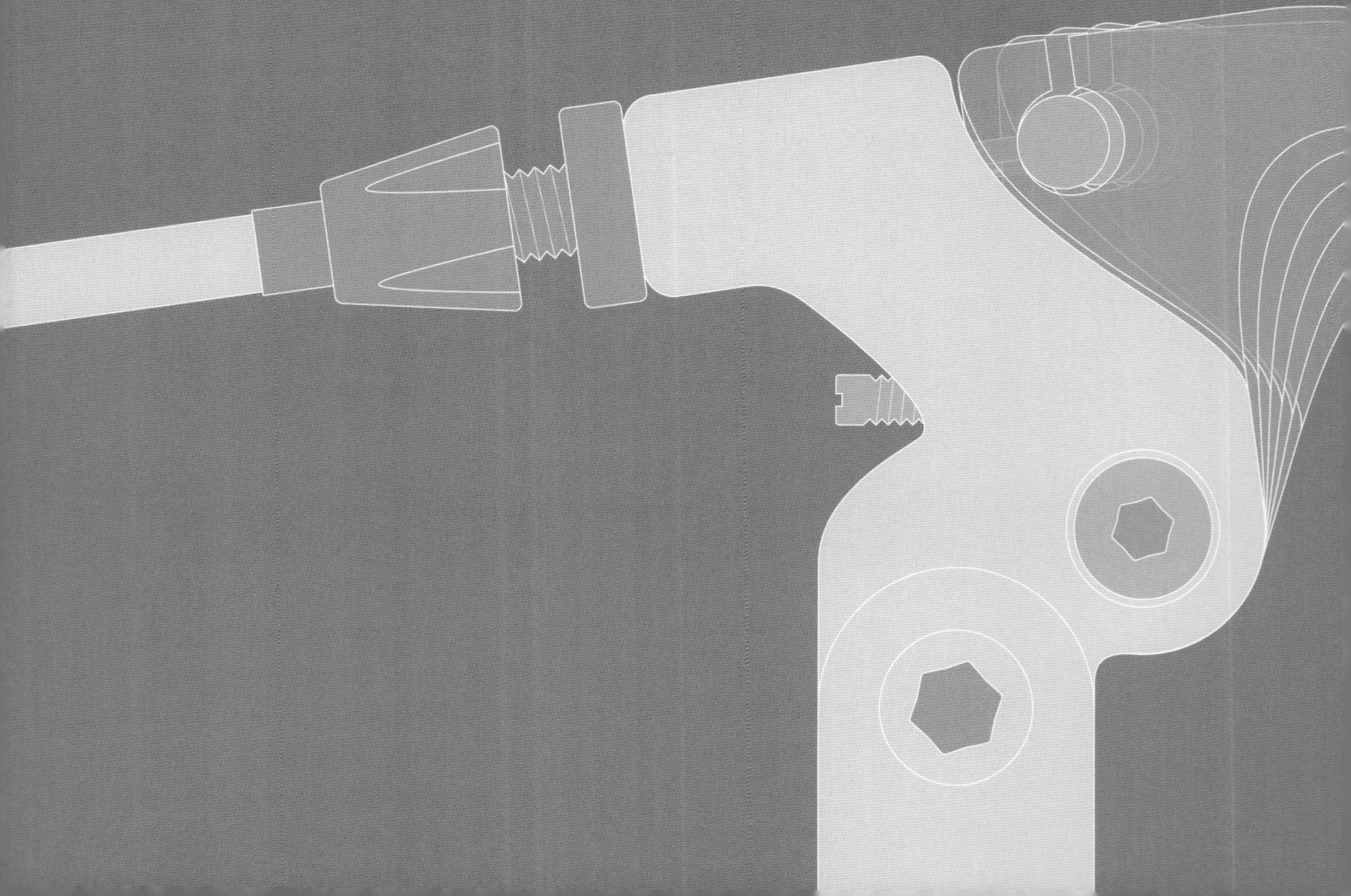

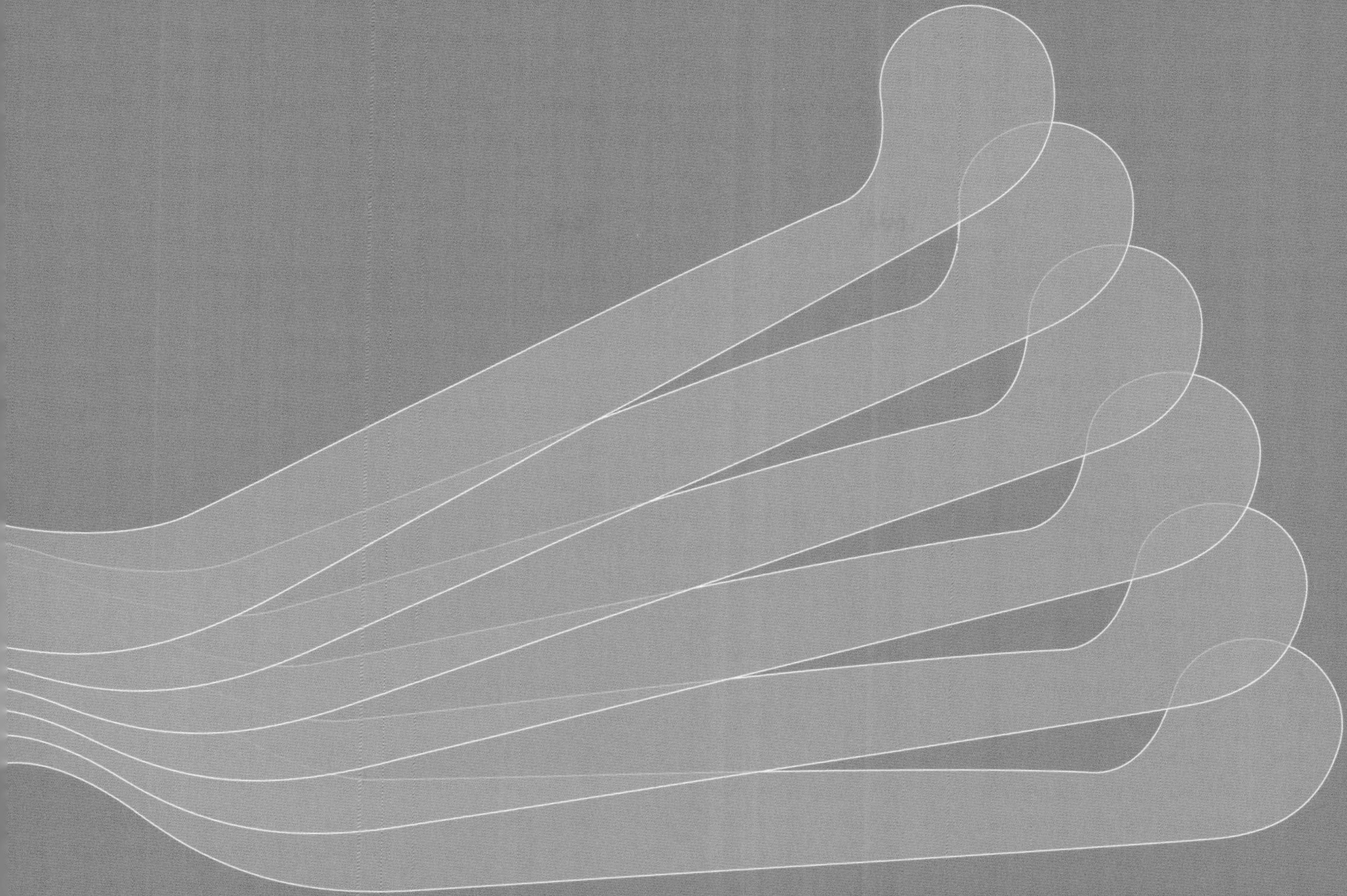

Seitenzugbremsen

Bei allen Felgenbremsen werden gegenüberliegende Bremsklötze auf die Felgenflanken gepresst. Die Felge übernimmt die Funktion einer großen Bremsscheibe.

Seitenzugbremsen werden nur noch an Rennrädern verwendet. An Fahrrädern mit breiteren Reifen und Schutzblechen wären die Bremsarme so lang, dass sie sich beim Bremsen zu stark verformen würden.

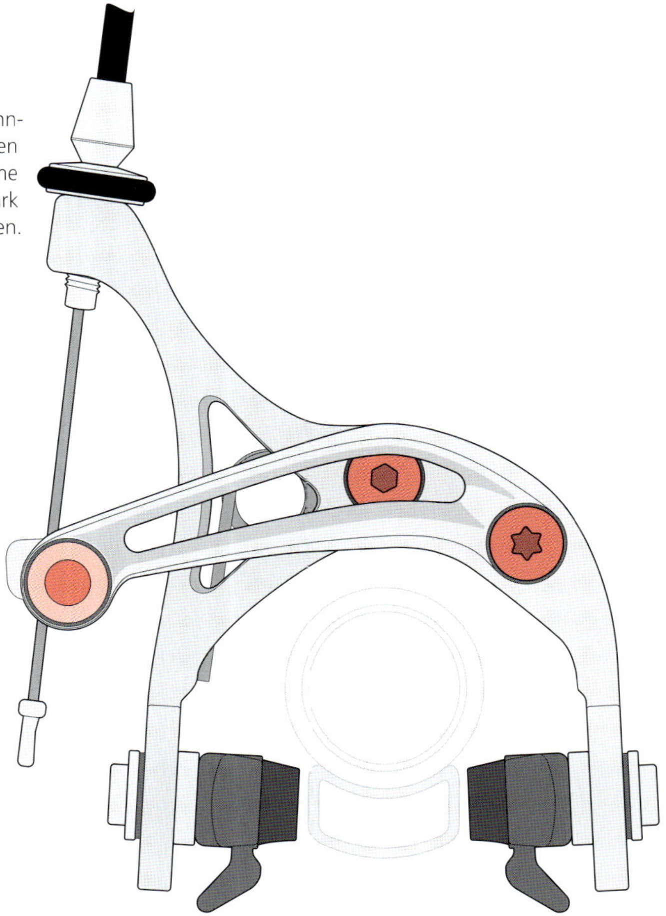

Es gibt Eingelenk- (Single Pivot) und Zweigelenkbremsen (Dual Pivot). Bei Eingelenkbremsen sind beide Bremsarme an einer Bohrung in der Gabel mittig über dem Laufrad angebracht. Bei Zweigelenkbremsen ist nur ein Bremsarm an diesem zentralen Befestigungspunkt montiert, der zweite Bremsarm ist versetzt am ersten befestigt. Dadurch verbessert sich das Hebelverhältnis und damit die Bremswirkung.

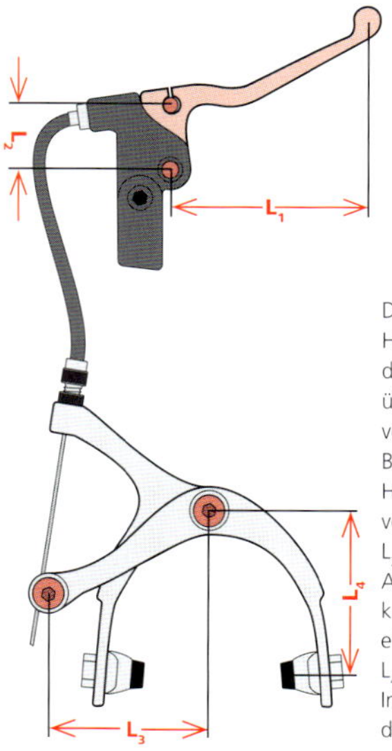

Die Bremskraft kann mit dem Hebelgesetz berechnet werden. Mit Hebeln können Kräfte übersetzt, vergrößert oder verkleinert werden. An diesem Bremshebel wird die Kraft der Hand um etwa das Vierfache vergrößert.
$L_2 : L_1 = 1 : 4$
An der Bremse wird die ankommende Kraft noch einmal etwa verdoppelt.
$L_4 : 2 \times L_3 = 1 : 2$
Insgesamt wird die Druckkraft der Hand etwa verachtfacht.

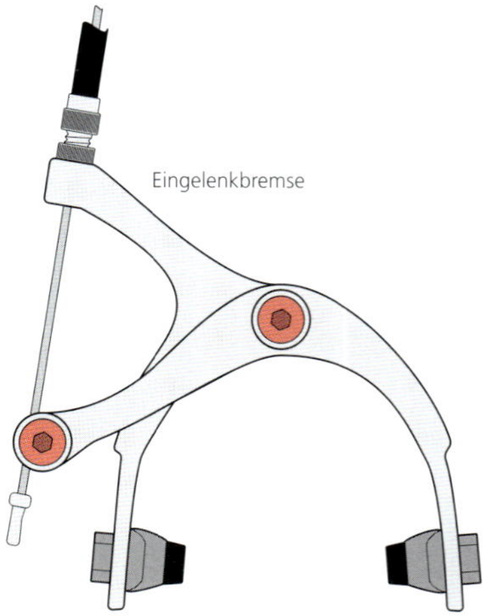

Eingelenkbremse

Cantileverbremsen

Cantileverbremsen haben große Übersetzungsverhältnisse und erreichen starke Bremskräfte. Die Kipphebel sind auf an der Gabel oder an den Sitzstreben angebrachten Sockeln gelagert. Cantilever bedeutet Ausleger oder Hebel.

Der Winkel des Seildreiecks, ideal sind 90°, bestimmt die Wirksamkeit der Bremse.

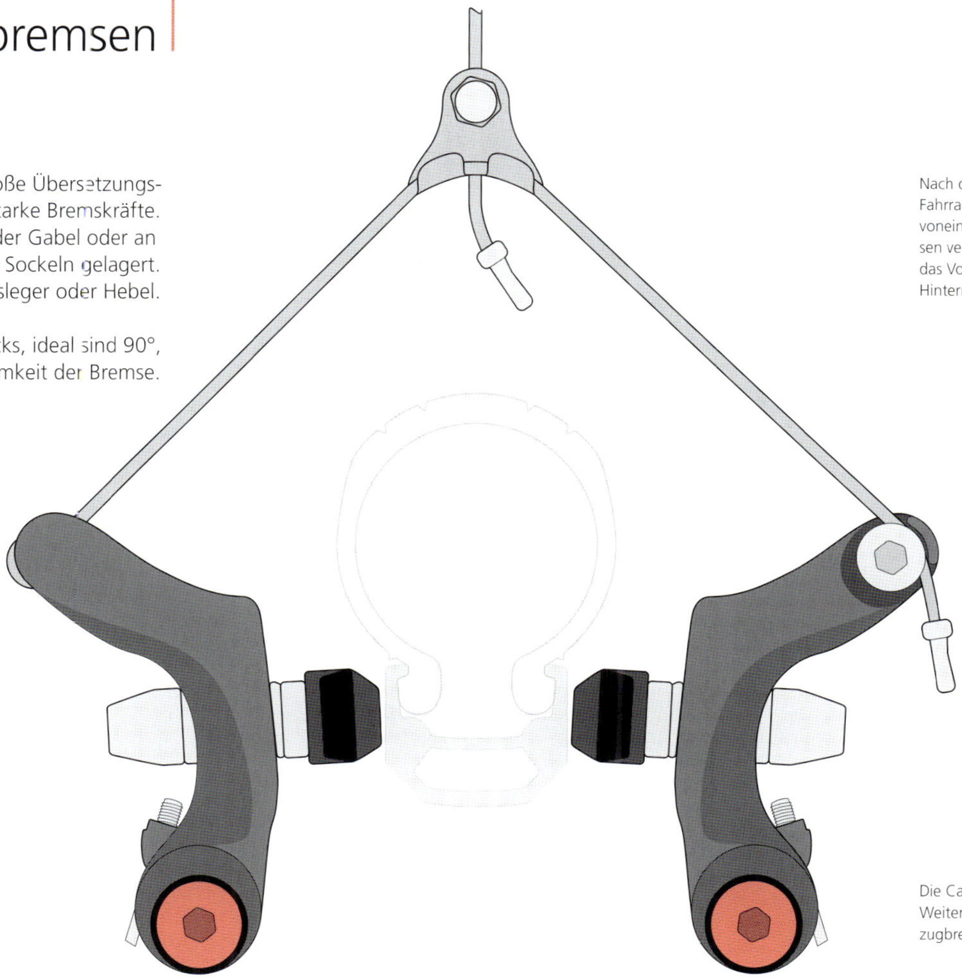

Nach der StVZO muss jedes Fahrrad über zwei unabhängig voneinander wirkende Bremsen verfügen. Eine wirkt auf das Vorder-, die andere auf das Hinterrad.

Die Cantileverbremse ist eine Weiterentwicklung der Mittelzugbremse.

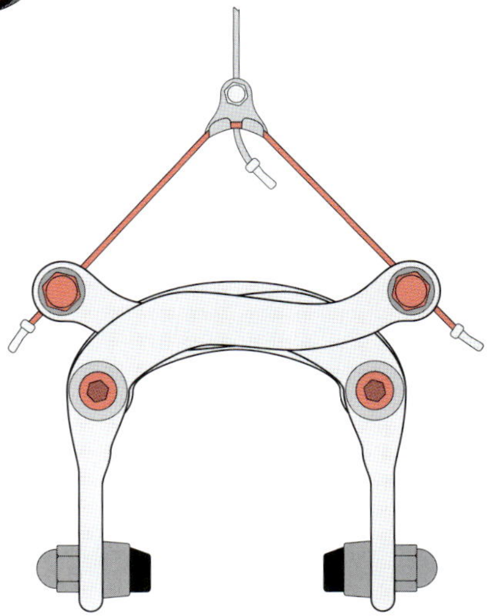

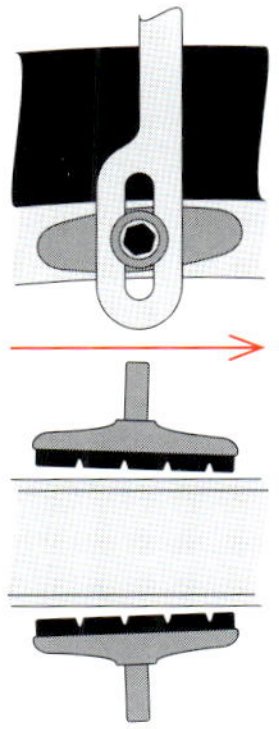

Der Abstand der Bremsgummis zur Felge sollte je nach Bremsenart nicht größer als 1 oder 2 mm sein.
Beim Bremsen werden die Bremsklötze leicht nach oben gezogen. Sie sollten daher in Ruhestellung hinten etwas tiefer stehen. Vorne sollte der Bremsklotz etwas näher an der Felge stehen, so wird er beim Bremsen herangezogen und nicht, wie im umgekehrten Fall, von der Felgenflanke weggedrückt.

V-Bremsen

V-Bremsen werden an allen Fahrradtypen außer Rennrädern verwendet. Bei dieser Form der Cantileverbremse wird der Seilzug in einem Rohr geführt.

Die Bremswirkung ist sehr gut, so dass die Räder leicht blockieren können. Daher gibt es Modelle mit zusätzlichen Bremskraftbegrenzern.

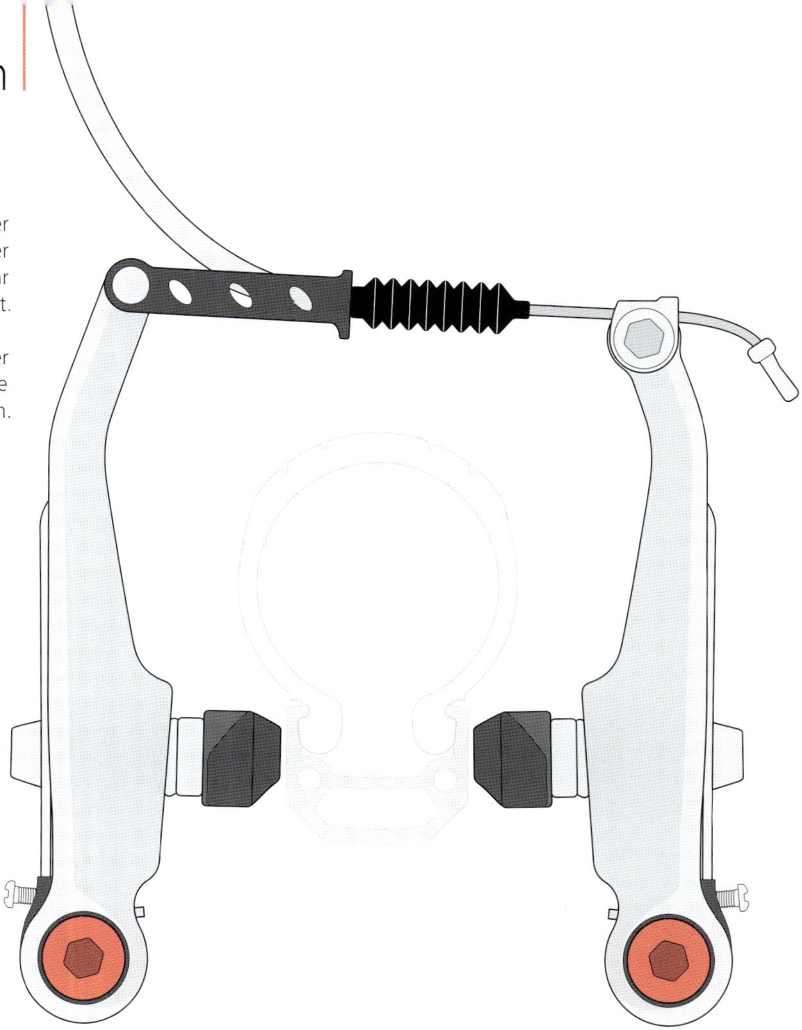

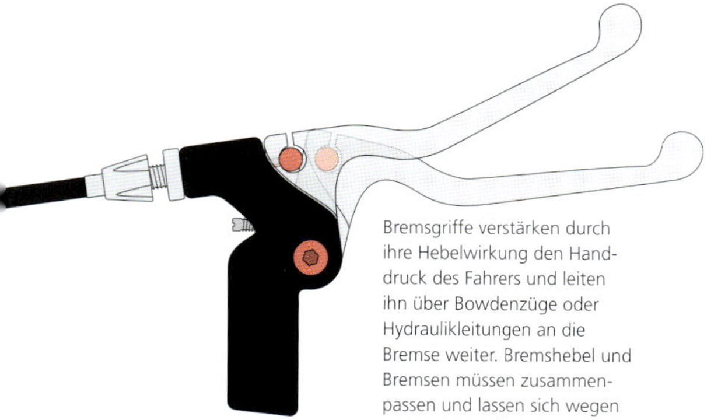

Bremsgriffe verstärken durch ihre Hebelwirkung den Handdruck des Fahrers und leiten ihn über Bowdenzüge oder Hydraulikleitungen an die Bremse weiter. Bremshebel und Bremsen müssen zusammenpassen und lassen sich wegen verschiedener Übersetzungsverhältnisse nicht beliebig kombinieren.

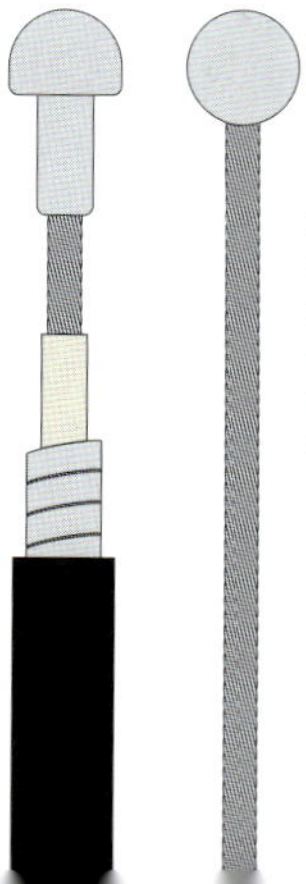

Bremszugaußenhüllen enthalten meist eine Flachdrahtspirale. Es gibt zwei Arten von Zugnippeln, die je nach Aufbau des Bremshebels verwendet werden.

Hydraulische Bremsen

Hydraulische Felgenbremsen haben eine sehr hohe und gut dosierbare Bremswirkung. Sie sind wartungsarm und der Belagwechsel ist einfach. Die Beläge nutzen sich gleichmäßig ab, weil der Bremsdruck sich gleichmäßig verteilt.

Unter Hydraulik versteht man die Übertagung von Kraft oder Energie mit Hilfe von Flüssigkeiten. Bei hydraulischen Bremsen befindet sich der Geberzylinder im Bremshebel. Der Druck wird über Hydraulikleitungen an einen oder mehrere Nehmerzylinder weitergegeben.

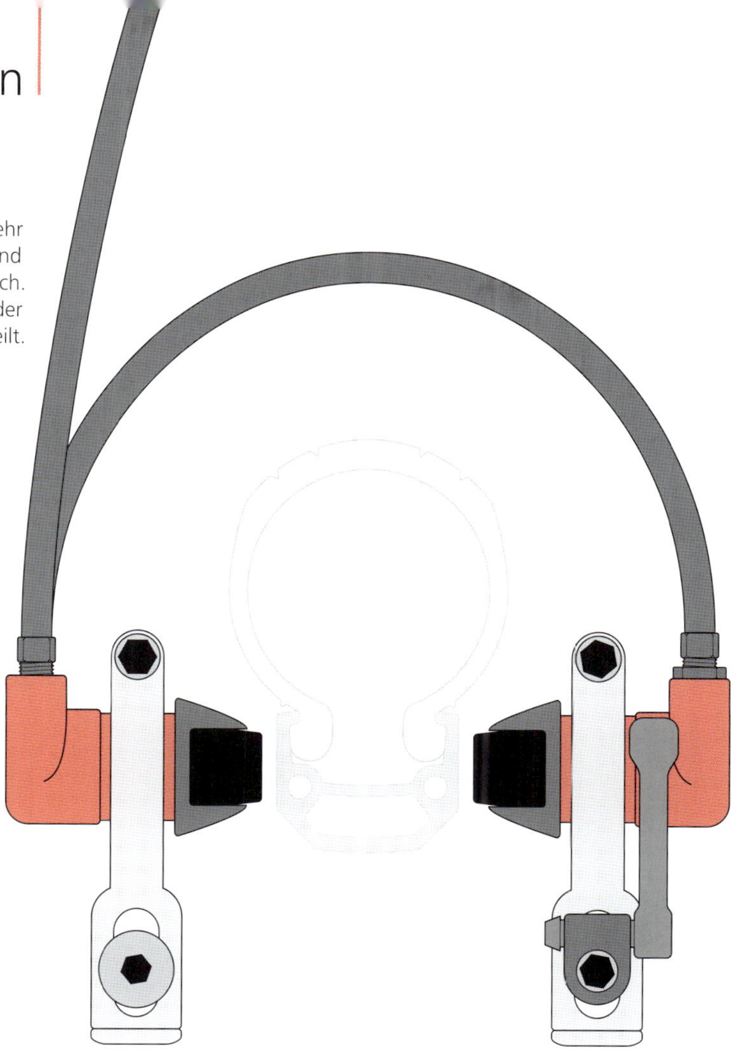

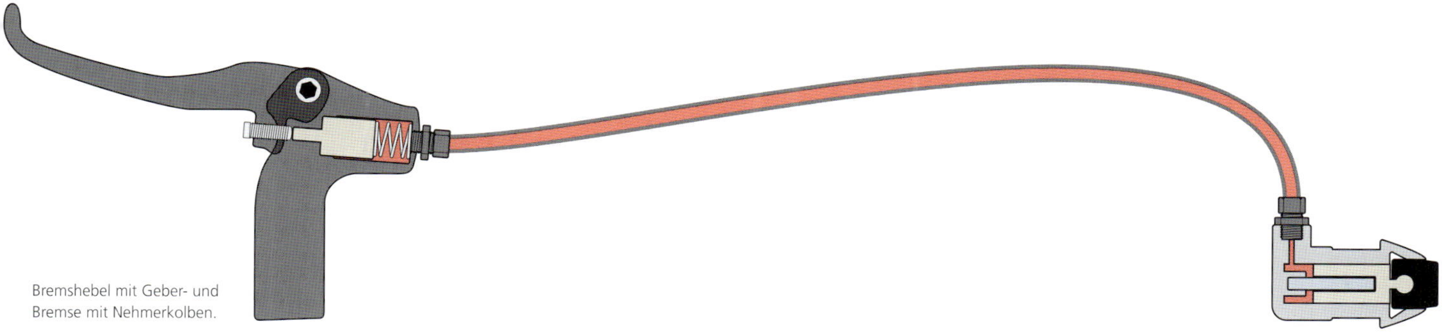

Bremshebel mit Geber- und Bremse mit Nehmerkolben.

Scheibenbremsen

Nabenbremsen haben den Bremsmechanismus in oder sehr nahe bei der Nabe.

Scheibenbremsen bestehen aus einer Bremsscheibe, die an der Nabe befestigt wird, und einer Bremseinheit, die am Rahmen bzw. an der Gabel montiert ist. Es gibt mechanisch und hydraulisch betätigte Modelle.

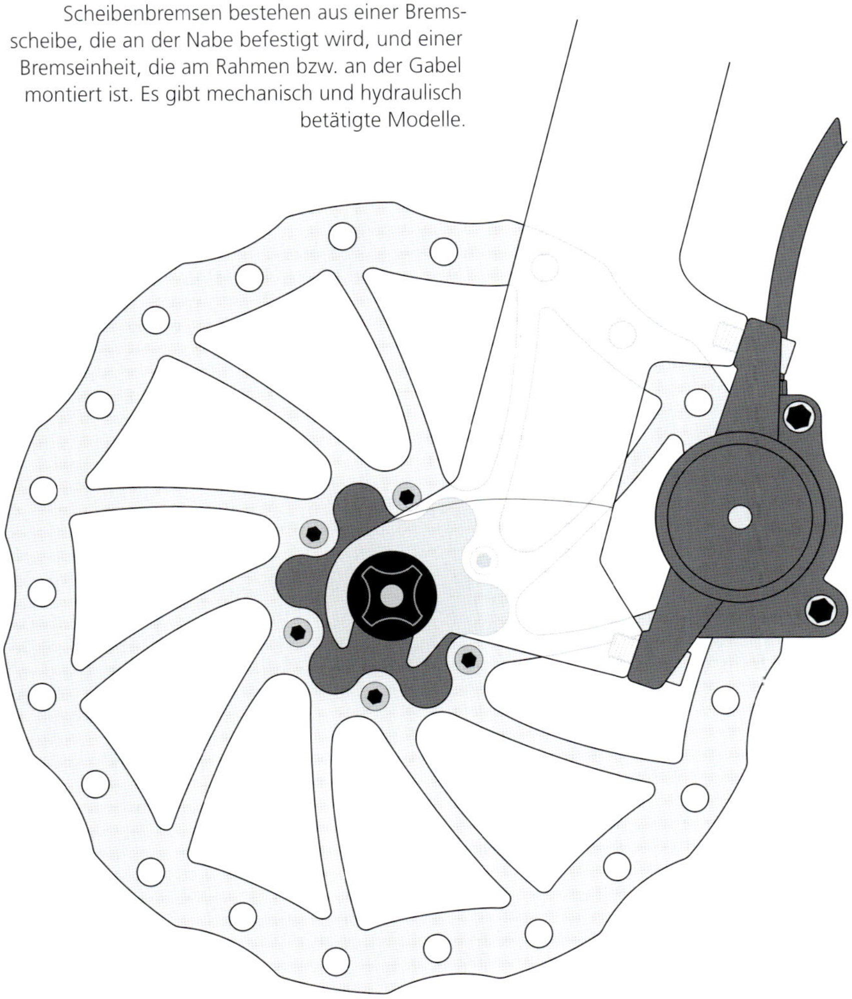

Scheibenbremsen haben den höchsten Wirkungsgrad von allen Bremssystemen – die Felge verschleißt nicht und die Verschmutzung ist durch die Position an der Nabe geringer. Scheibenbremsen sind aber schwerer als Felgenbremsen, anfälliger gegen Beschädigung, belasten das Laufrad mehr und erfordern festere Gabeln.

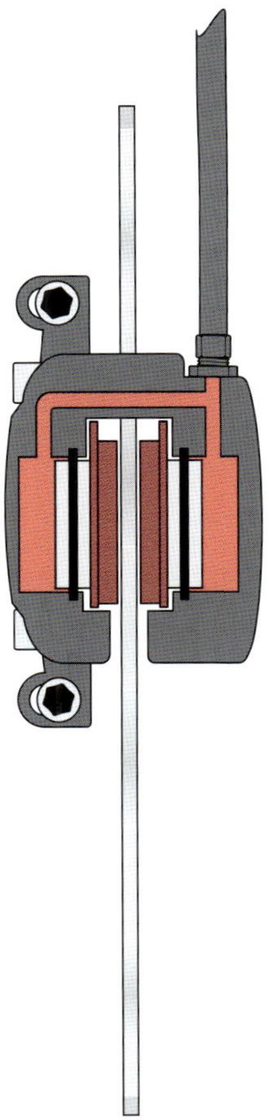

Es wird zwischen Fest- und Schwimmsattel unterschieden. Je nach Konstruktion werden entweder beide Beläge gegen die Scheibe gedrückt oder ein Belag steht fest. Dann wird die Scheibe beim Bremsen leicht zur Seite gebogen.

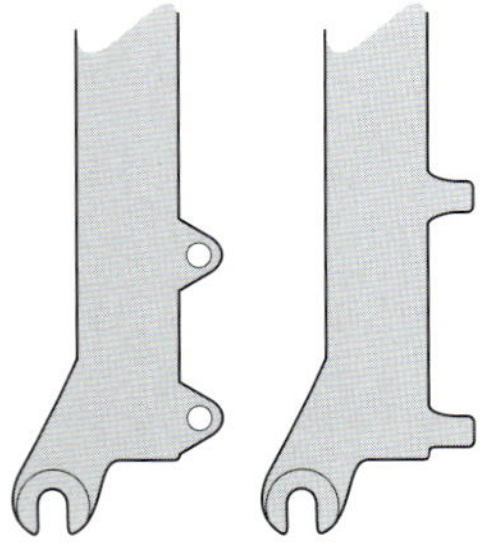

Der Bremssattel wird entweder gemäß dem Internationalen Standard oder dem aktuelleren Postmountstandard befestigt. Bei ersterem beträgt der Lochabstand 51 mm, beim Postmountstandard 74 mm.

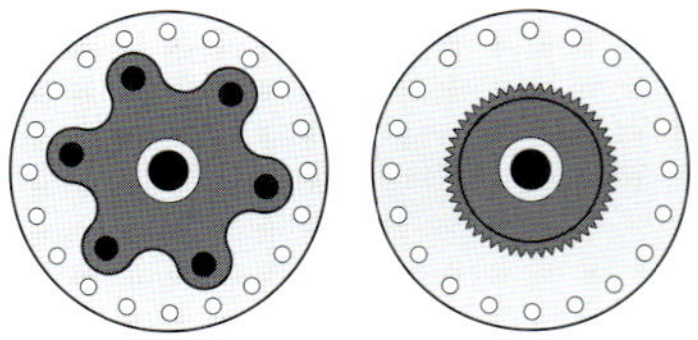

Auch bei der Aufnahme für die Bremsscheiben gibt es zwei Arten. Das verbreitete IS2000-und das Centerlock-System.

Trommelbremsen

Trommelbremsen funktionieren wegen ihrer gekapselten Bauweise auch bei Nässe zuverlässig. Die Bremswirkung ist gut und der Verschleiß relativ gering. Sie sind aber nicht für hohe Bremsleistungen geeignet.

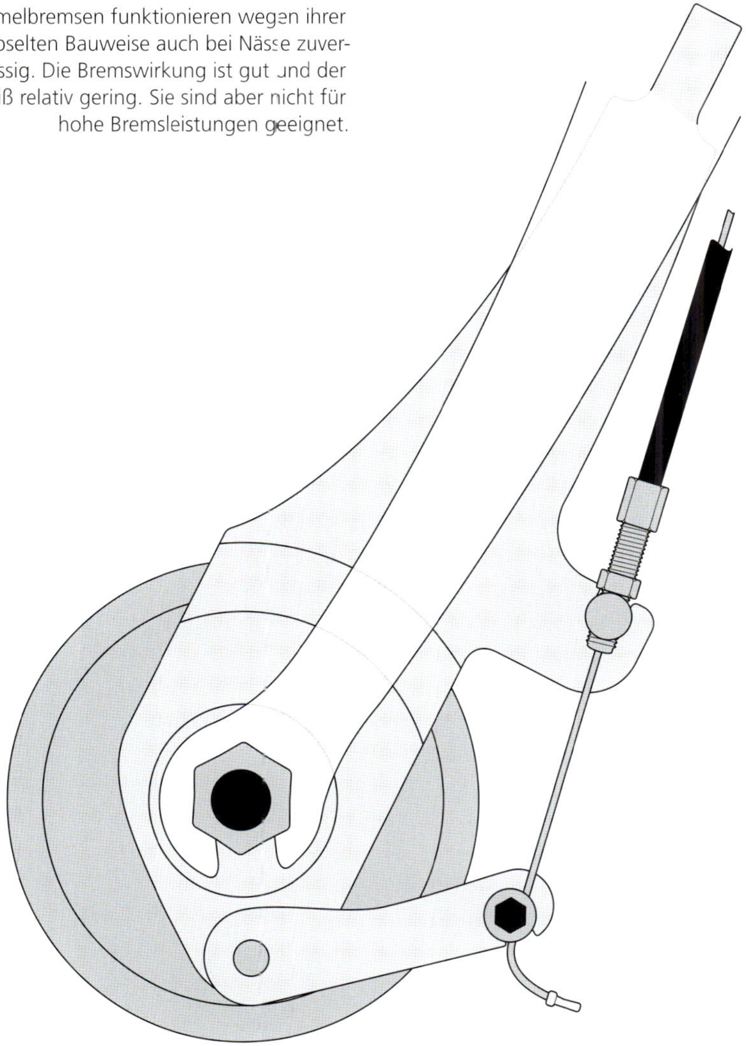

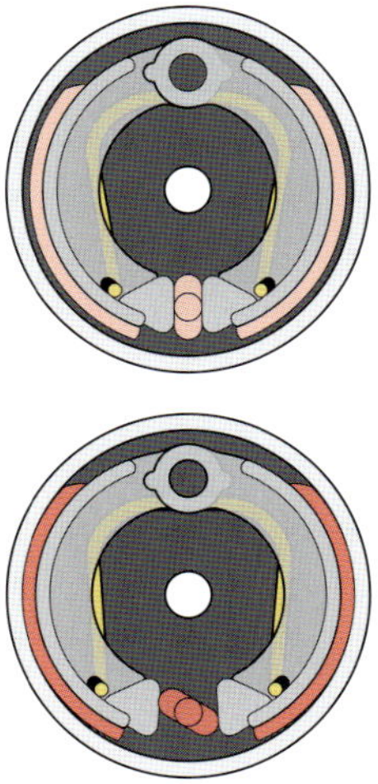

Der Bremsnocken wird verdreht und schiebt die beiden Bremsbacken nach außen, so dass sich die Bremsbeläge gegen die auf der Nabe befindliche Bremstrommel pressen. Eine Feder zieht die Bremsbacken wieder von der Trommel weg.

Bei der Bandbremse liegt der Bremsbelag auf der Innenseite eines Bandes, das lose eine Bremstrommel umläuft. Zum Bremsen wird das Band mit einem Handbremshebel zusammengezogen. Bandbremsen sind heute Exoten, die kaum noch verbaut werden.

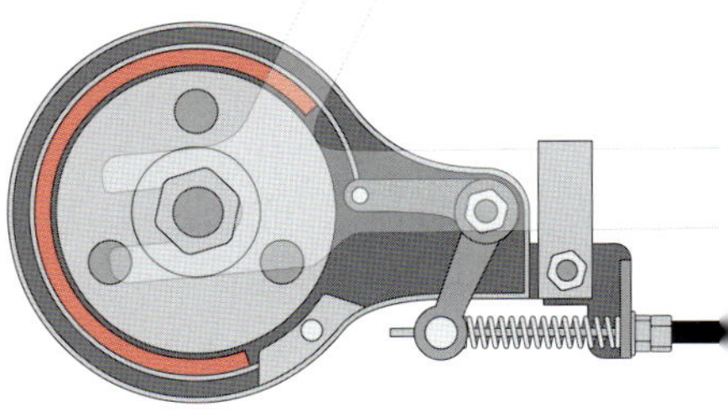

Rollenbremsen

Rollenbremsen sind eine Weiterentwicklung der Rücktrittbremsen, werden aber mit der Hand bedient. Es gibt keinen sich abnutzenden Bremsbelag, sondern in einer Fettfüllung reibt Metall auf Metall. Die Bremswirkung ist besser als bei Trommelbremsen und, mit hitzebeständigem Fett gefüllt, sind Rollenbremsen verschleißfrei. Oft haben sie eine Kühlscheibe zum Ableiten der Wärme.

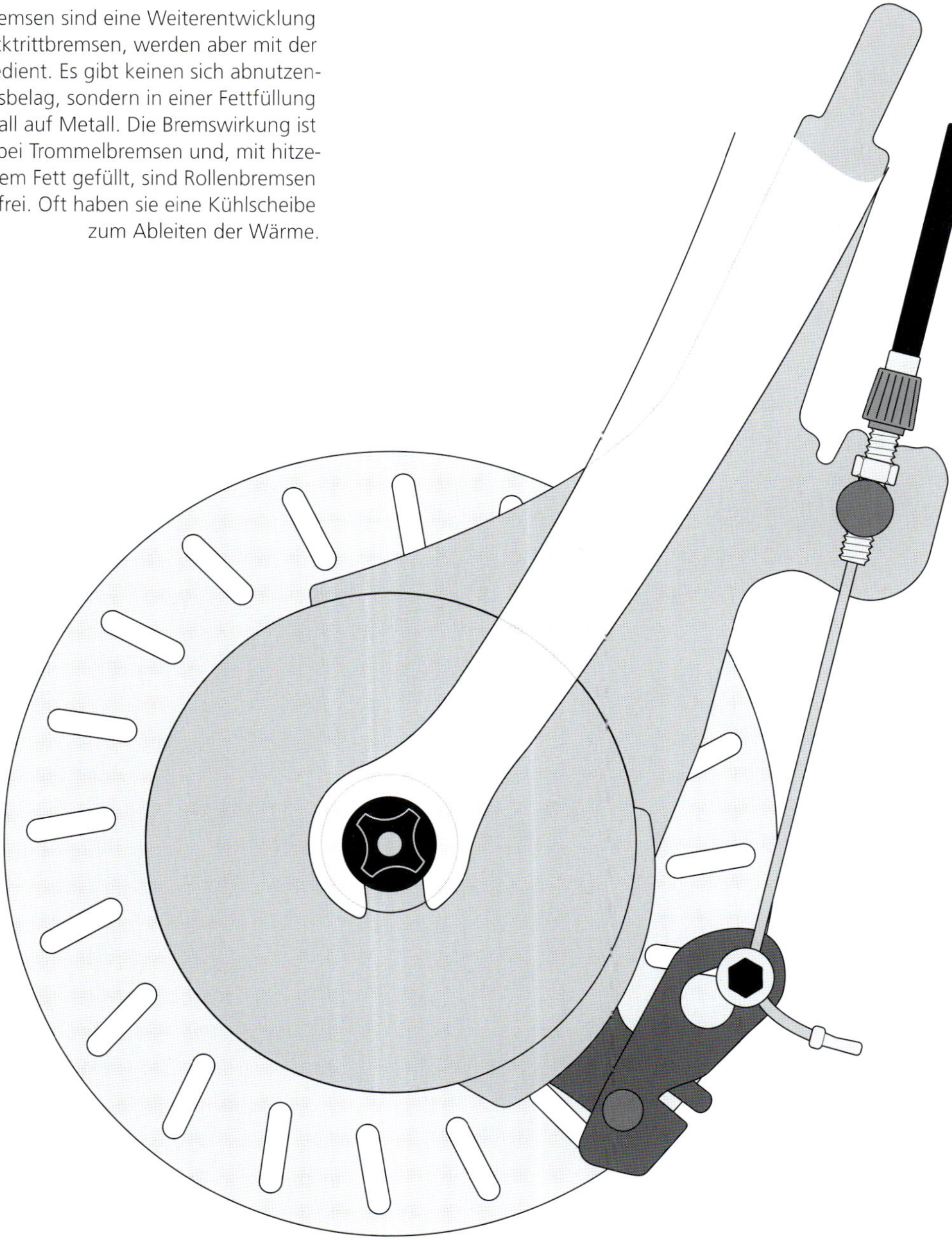

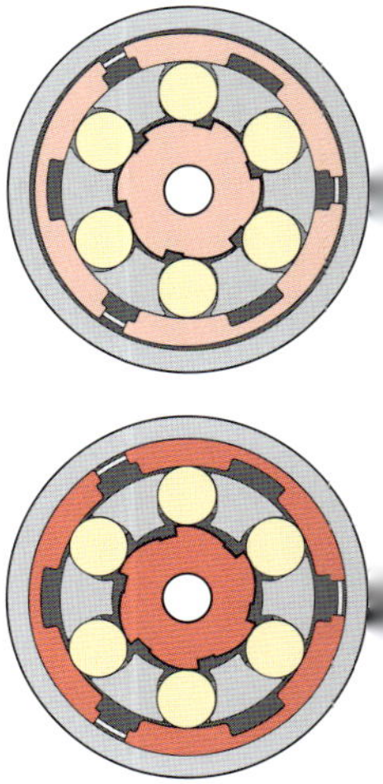

Beim Bremsvorgang wird die Nockenscheibe verdreht und schiebt 6 Rollen nach außen. Diese wiederum schieben 3 Bremsbeläge an die Bremstrommel.

Rücktrittbremsen

Rücktrittbremsen sind die einzigen Bremsen, die durch Rückwärtstreten der Pedale mit dem Fuß bedient werden. Es gibt sie seit Anfang des 20. Jahrhunderts.

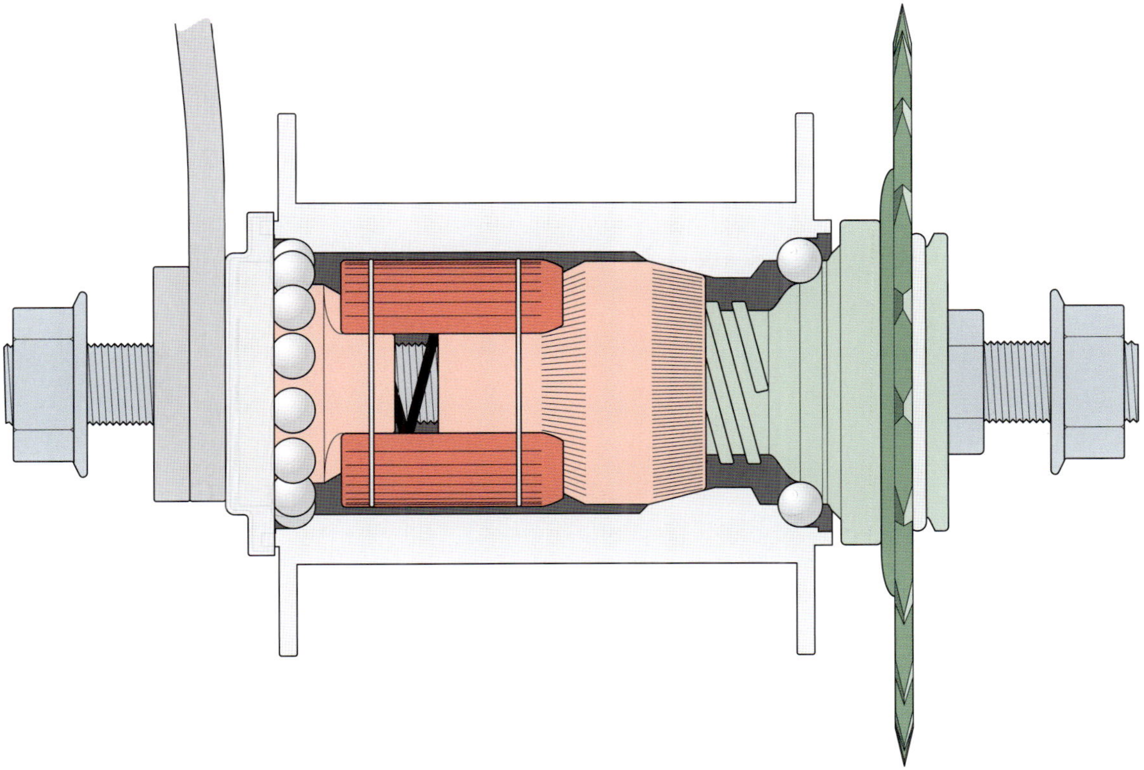

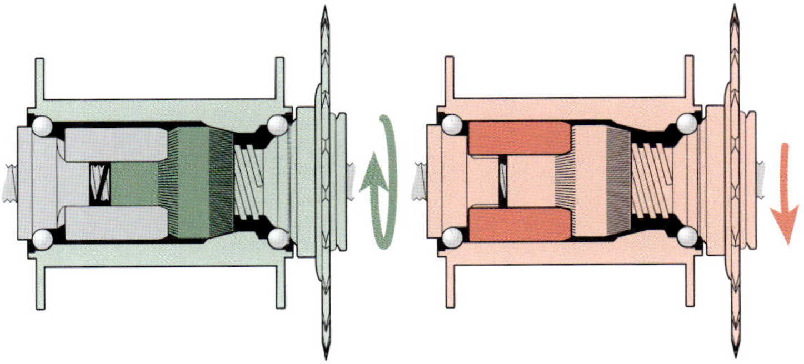

Beim Zurücktreten der Pedale wird über Kette und Ritzel ein Schneckengetriebe gedreht. Darauf sitzt der Bremskonus, der den geteilten Bremsmantel auf einen gegenüberliegenden Konus schiebt. Zusammen spreizen sie den Bremsmantel und drücken ihn gegen die Nabenhülse. Beim Lösen der Bremse ziehen umlaufende Federn den Bremsmantel wieder zusammen.

Zubehör

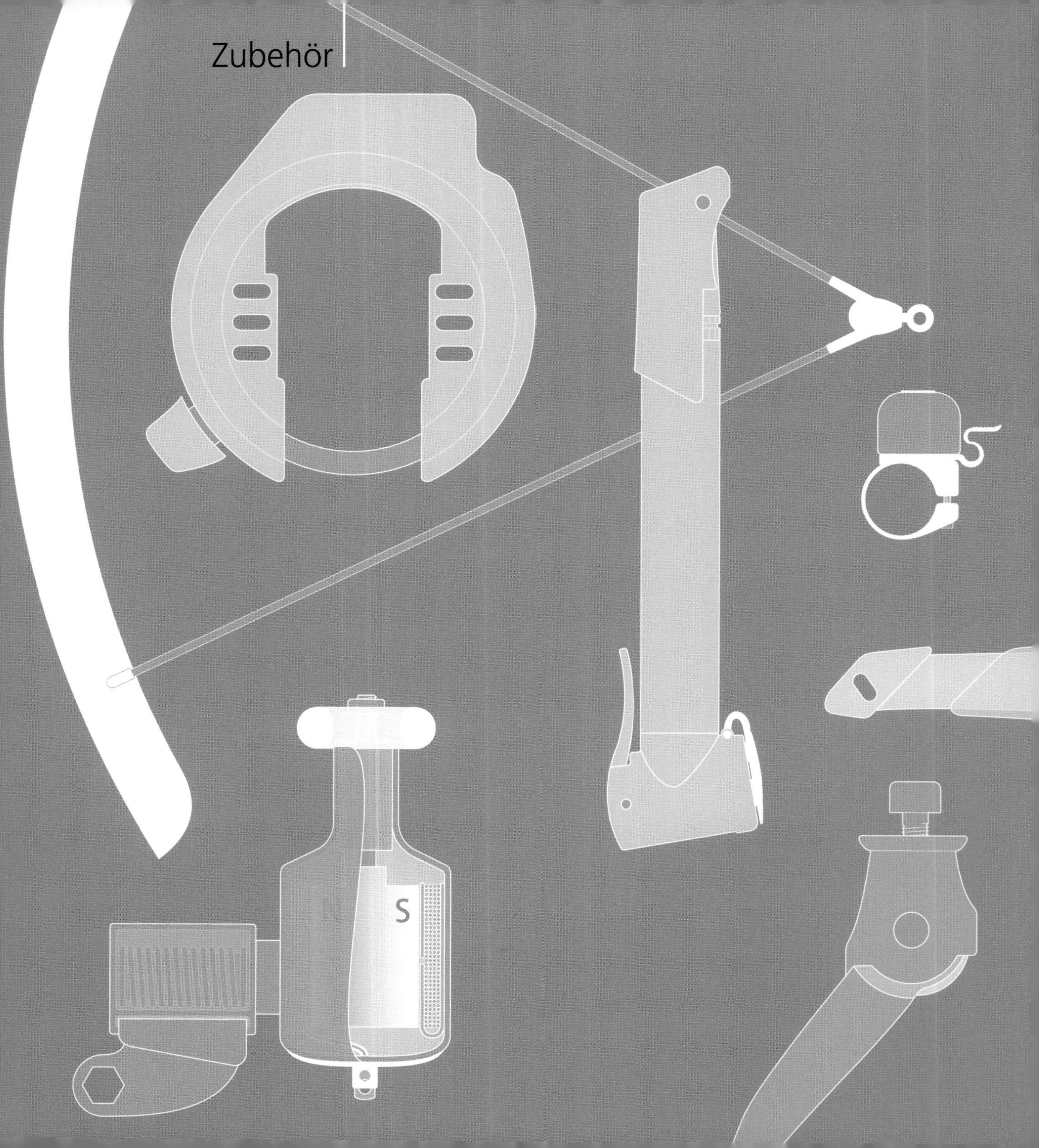

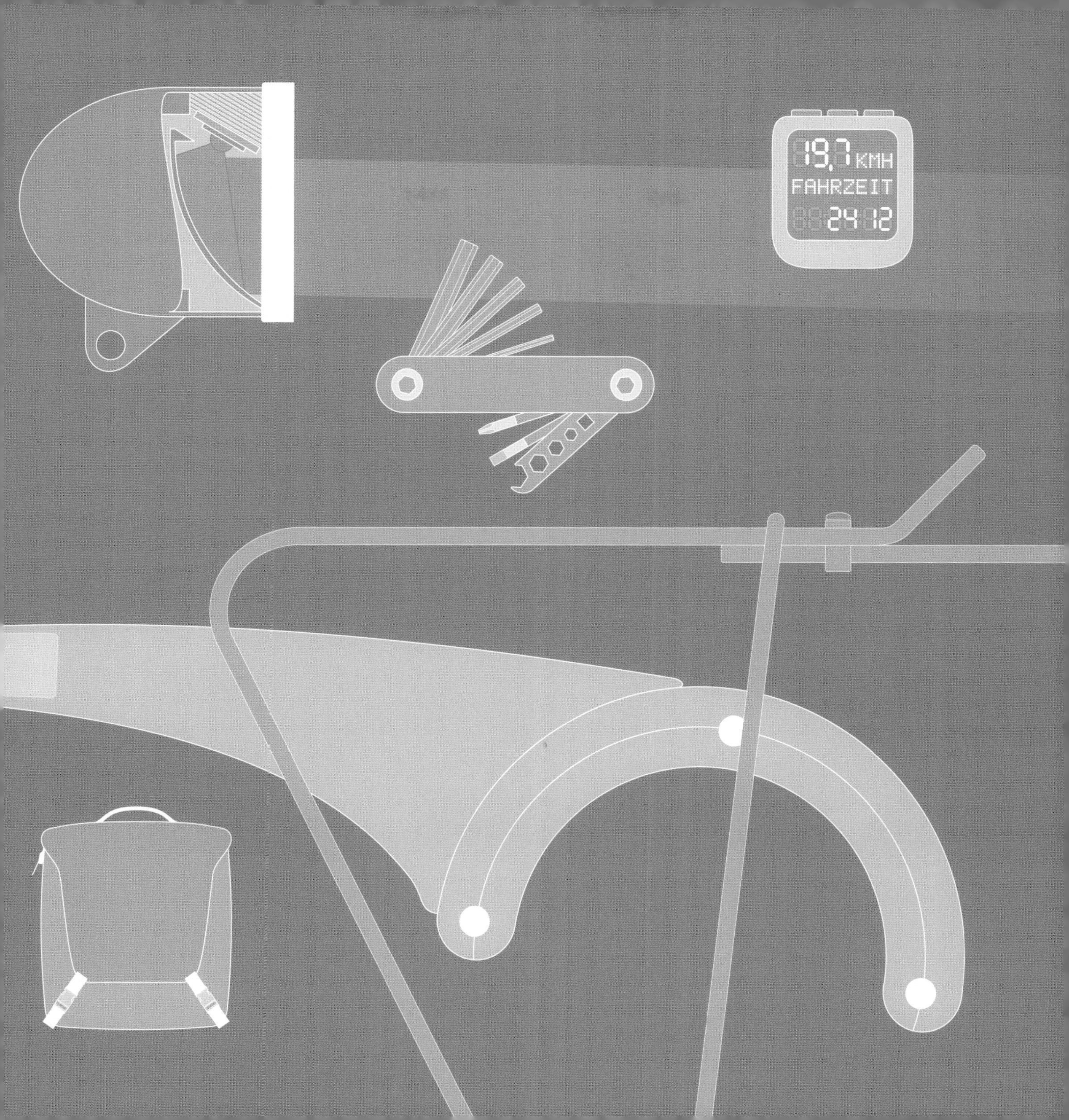
19,7 KMH
FAHRZEIT
24 12

Beleuchtung

Der § 67 der Straßenvekehrszulassungsordnung definiert die gesetzlichen Vorschriften für die aktiven und passiven lichttechnischen Einrichtungen am Fahrrad.

Die lichttechnischen Einrichtungen am Fahrrad sollen nicht nur Sehen, sondern auch Gesehenwerden im Dunkeln oder bei schlechter Sicht ermöglichen.

Die Beleuchtung umfasst aktive und passive Elemente, Stromquelle und Verkabelung. Aktive Elemente strahlen von Batterie oder Dynamo gespeistes Licht aus. Passive reflektieren fremdes Licht und arbeiten ohne Stromzufuhr.

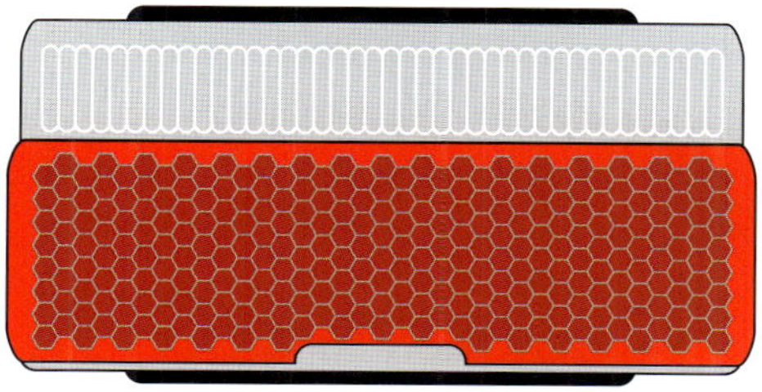

Diodenrücklicht mit rotem Großflächenrückstrahler und Standlichtfunktion.

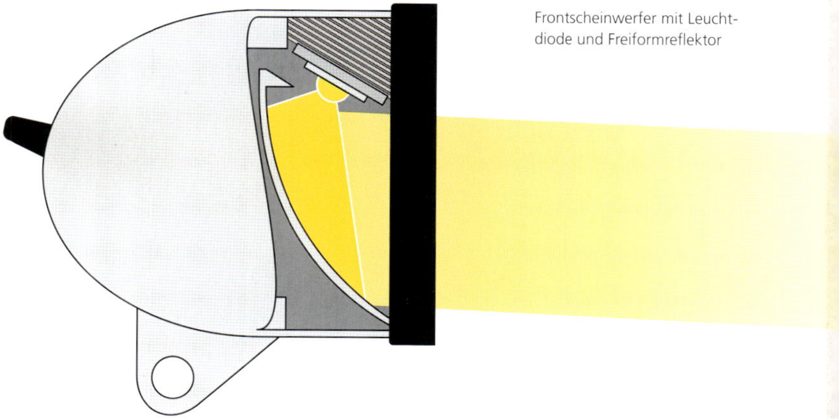

Frontscheinwerfer mit Leuchtdiode und Freiformreflektor

Lux (lx): Die Beleuchtungsstärke, die in einer bestimmten Entfernung auf einer bestimmten Fläche auftrifft. Beim Fahrrad ist in einer Entfernung von 10 m eine Beleuchtungsstärke von 10 lx die Mindestanforderung. Eine 100-W-Glühbirne hat in 1 m Abstand etwa 1.500 Lux.

Lumen (lm): Der Lichtstrom, die gesamte abgestrahlte Leistung an der Lichtquelle.
Eine 100-W-Glühbirne hat etwa 1.500 Lumen.

Candela (cd): Das ist der Lichtstrom, der in einem bestimmten Winkel ausgestrahlt wird. Bei gleichem Lichtstrom kann durch Bündelung eine viel größere Licht- oder Beleuchtungsstärke erzielt werden. Eine 100-W-Glübirne hat etwa 130 Candela.

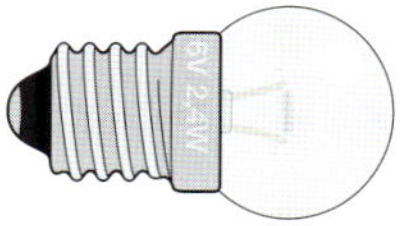

Glühlampen für Frontscheinwerfer der üblichen 6-V-Dynamoanlagen haben 2,4 W und entsprechen im Aufbau normalen Haushaltsglühbirnen. Bei hoher Wärmeentwicklung ist die Lichtausbeute gering.

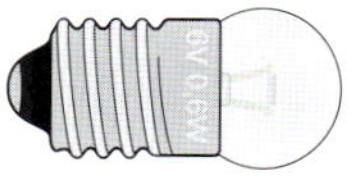

Die Glühlämpchen für die Rückleuchte haben eine Leistungsaufnahme von 0,6 V.

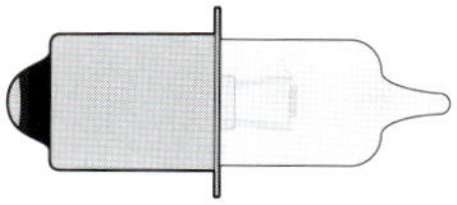

Halogenglühlampen sind unter hohem Druck mit einem Edelgas gefüllt. Sie sind bei gleicher Leistungsaufnahme viel heller und halten länger.

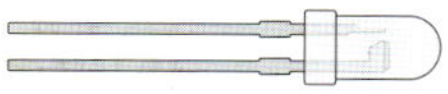

Leuchtdioden haben den höchsten Wirkungsgrad. Sie wandeln den größten Teil des Stromes in Licht und nicht in Wärme um. Ihre Lebensdauer ist sehr hoch.

Der Reflektor bündelt das Licht in die gewünschte Richtung. Freiformreflektoren erzielen dabei die größte Lichtverstärkung und ermöglichen die präziseste Ausleuchtung bei geringsten Streuverlusten.

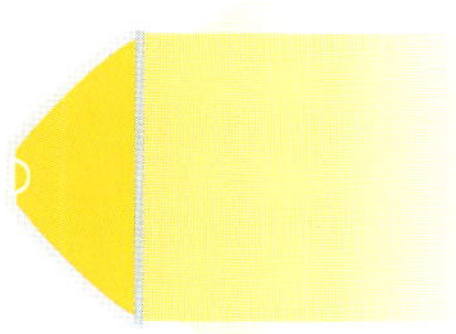

Paraboloidreflektor

El ipsoidreflektor

Freiformreflektor

Stromversorgung

Dynamos sind die Lichtmaschinen der Fahrräder. Sie wandeln nach dem Prinzip der elektromagnetischen Induktion mechanische Energie in elektrische um. Ein Dynamo erzeugt immer eine Wechselspannung.

Seitenläuferdynamos werden an der Vorderradgabel oder am Rahmen so befestigt, dass die Reibrolle von der Seitenwand des Reifens angetrieben wird. Sowohl die Reibrolle als auch die Reifenflanke unterliegen Verschleiß, besonders wenn der Dynamo nicht korrekt ausgerichtet ist. Bei ungünstigen Witterungsverhältnissen wie Nässe oder Schnee kann die Funktion schnell eingeschränkt sein.

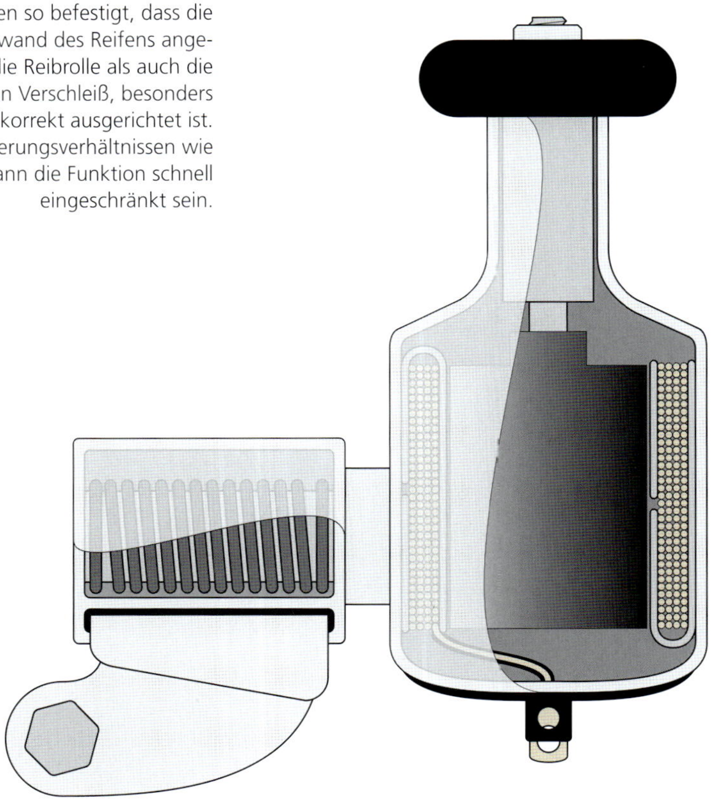

Batterie- und akkubetriebene Beleuchtung soll in Deutschland in Zukunft gleichberechtigt zugelassen werden. Sie liefert üblicherweise 3-6 V Gleichspannung. Die Lampen werden am Fahrrad mit einem Stecksystem angebracht. Es müssen keine Kabel verlegt werden, sie leuchten auch im Stand und erhöhen nicht den Tretwiderstand. Sie funktionieren allerdings nur, solange die Batterien oder Akkus nicht entladen sind.

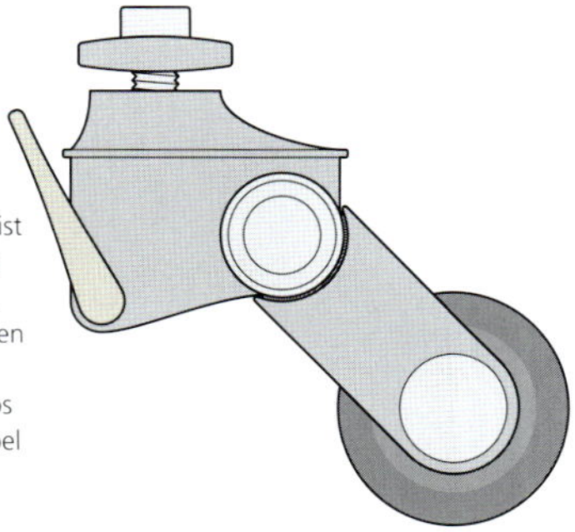

Walzendynamos werden meist hinter dem Tretlager anstelle des Seitenständers montiert. Die Walze liegt auf der ganzen Breite der Reifenlauffläche auf. Manche Walzendynamos können mit einem Schalthebel vom Lenker aus betätigt werden.

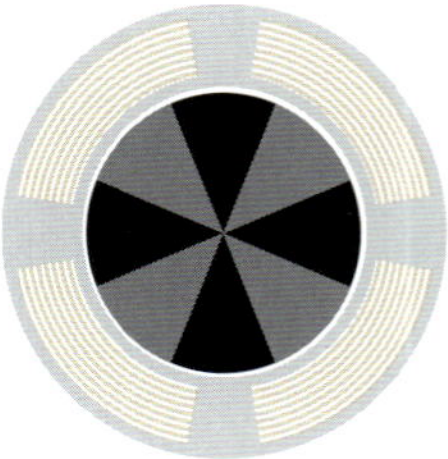

Pro Umdrehung der Laufrolle eines Seitenläuferdynamos gibt der 8-polige Magnetrotor 8 Spannungsstöße ab. Bei jeder Laufradumdrehung dreht sich die Dynamorolle ca. 30 mal. So erreicht der Dynamo 240 Impulse pro Laufradumdrehung.

Nabendynamos werden in spezielle Naben im Vorderrad eingebaut. Sie arbeiten witterungsunabhängig und mit einem hohen Wirkungsgrad. Die zusätzlich aufzubringende Tretenergie ist bei hochwertigen Modellen sehr gering. Durch die Integration in die Nabe des vorderen Laufrades kann der Nabendynamo nicht ohne weiteres ausgetauscht werden.

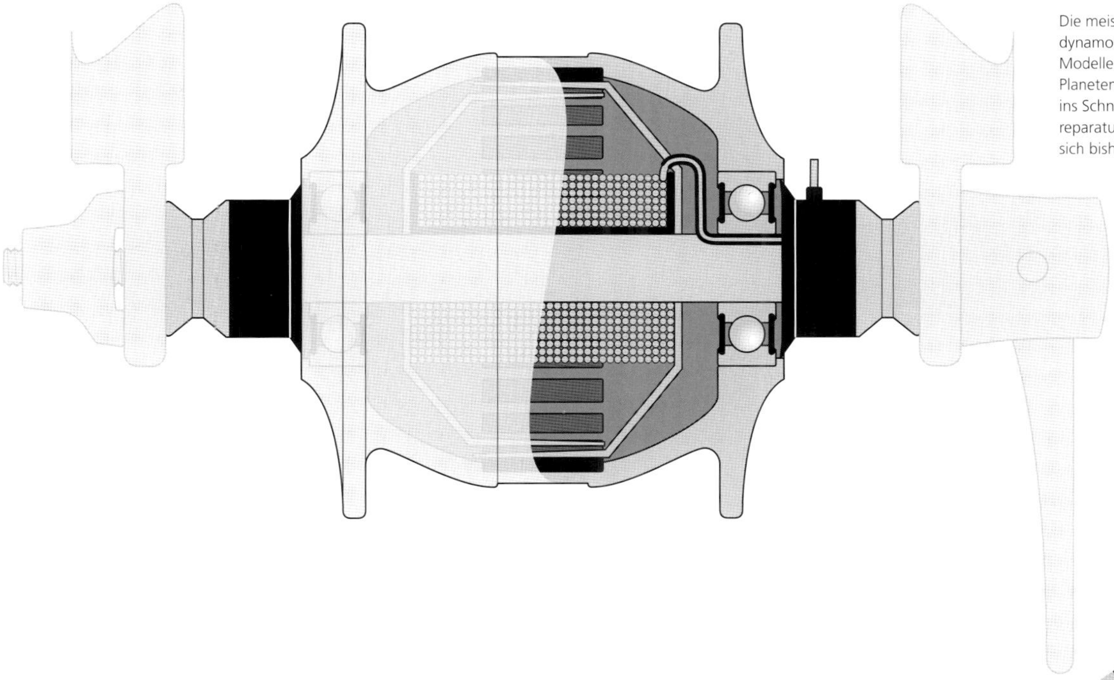

Die meisten modernen Nabendynamos sind getriebelos. Modelle, die mit einem Planetengetriebe die Drehzahl ins Schnelle übersetzen, sind reparaturanfällig und konnten sich bisher nicht durchsetzen.

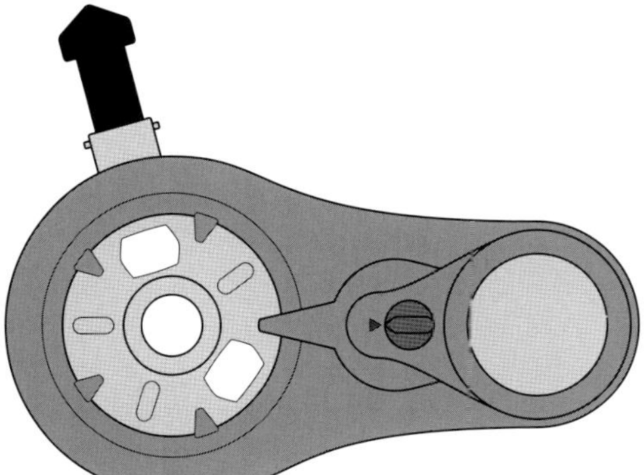

Speichendynamos werden zwischen Gabel und Nabe des Vorderrades montiert und durch einen einklappbaren Mitnehmer von einer Speiche angetrieben. Durch ein zweistufiges Getriebe mit Zahnriemen wird die Drehzahl des Dynamos erhöht. Der Dynamo wird nur bei Bedarf zugeschaltet.

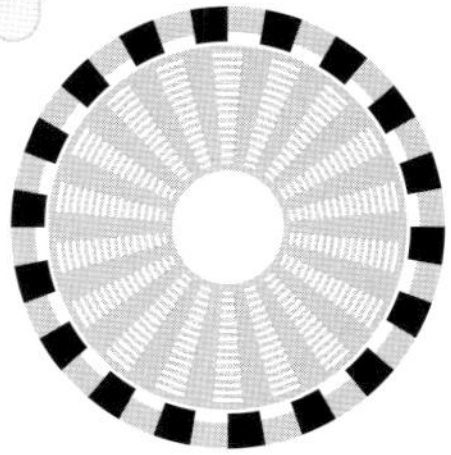

Ein getriebeloser Nabendynamo hat zwischen 26 und 32 Pole. So erreicht der Dynamo eine Frequenz von 26-32 Spannungsstößen pro Laufradumdrehung. Bei niedrigen Geschwindigkeiten flackert das Licht.

Fahrradhelme

Fahrradhelme sollen den Kopf des Radfahrers bei einem Sturz oder Aufprall vor Verletzungen schützen. Eine Helmpflicht besteht in Deutschland nicht, jedoch sollten vor allem Kinder nicht ohne einen geeigneten Kopfschutz fahrradfahren.

Moderne Fahrradhelme bestehen aus einer als Knautschzone fungierenden 2 cm bis 3 cm starken Hartschaumschicht, die bei einem Aufprall auf eine Minimalstärke von etwa 1 cm zusammengedrückt werden kann, aber nicht brechen darf. Um die Hartschaumschicht befindet sich, vollflächig verschweißt, eine harte und glatte Microshell-Schale, die verhindert, dass der Helm sich mit dem Straßenbelag verzahnt und der Kopf so ruckartig abgebremst wird.

Der Helm muss, damit er seine Schutzfunktion erfüllen kann, ohne Spiel auf dem Kopf sitzen.

Fahrradhelme müssen die Prüfnorm für Durchschlagschutz und Dämpfung bei Aufprall auf einen harten Untergrund erfüllen. Sie müssen gut belüftet und einhändig bedienbar sein sowie unverrutschbar und druckfrei sitzen.

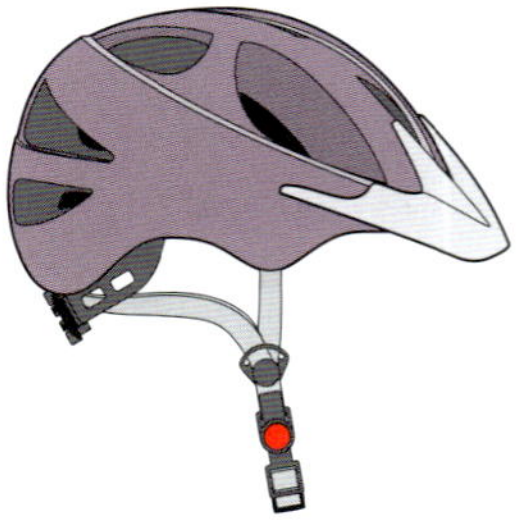

Für kleine Kinder ist das Tragen eines geeigneten Helmes besonders wichtig.

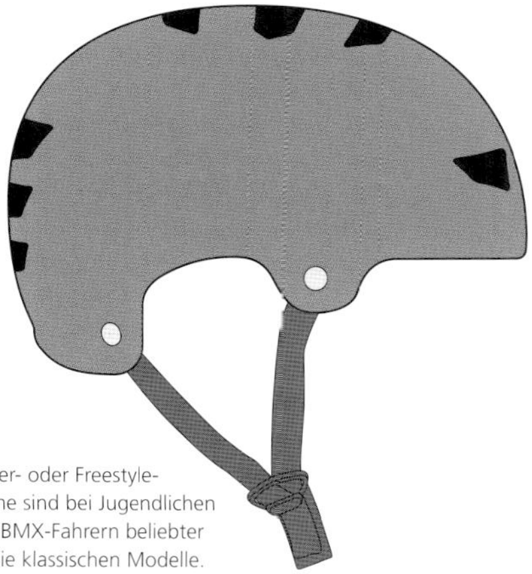

Skater- oder Freestyle-Helme sind bei Jugendlichen und BMX-Fahrern beliebter als die klassischen Modelle. Sie bieten einen ähnlich guten Schutz, sind aber schwerer und die Belüftung ist auch weniger effektiv.

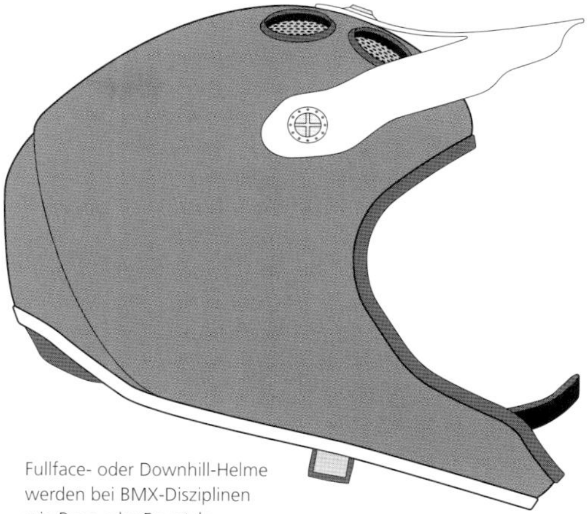

Fullface- oder Downhill-Helme werden bei BMX-Disziplinen wie Race oder Freestyle getragen.

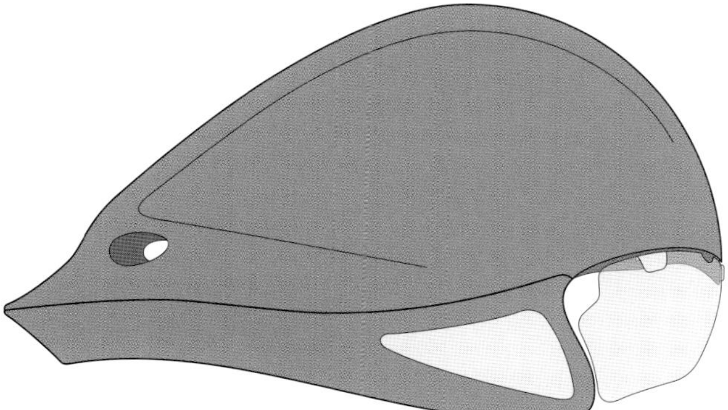

Für Zeitfahrrennen gibt es aerodynamisch besonders günstig geformte Helme. Sie sind weniger gedämpft und gepolstert.

Es gibt auch wie normale Mützen und Hüte aussehende Fahrradhelme. Allerdings wirken sie wegen der Schale und Dämpfung überdimensioniert. Auch die Belüftung ist nicht optimal.

Gepäckträger und Taschen

Auf Gepäckträgern werden Lasten befördert, die nicht direkt am Körper getragen werden sollen oder können. In afrikanischen oder asiatischen Ländern ist das Fahrrad Haupttransportmittel für schwere Lasten.

Die meisten Gepäckträger werden an Gewindebohrungen festgeschraubt, und zwar meist als Hinterradgepäckträger, an dem die Zuladung sicher untergebracht werden kann. Taschen mit speziellen Befestigungssystemen erweitern die Transportmöglichkeiten.

Fahrradanhänger, vor allem für den Transport von Kindern, werden in Städten immer attraktiver. Auch in Verbindung mit elektroangetriebenen Fahrrädern.

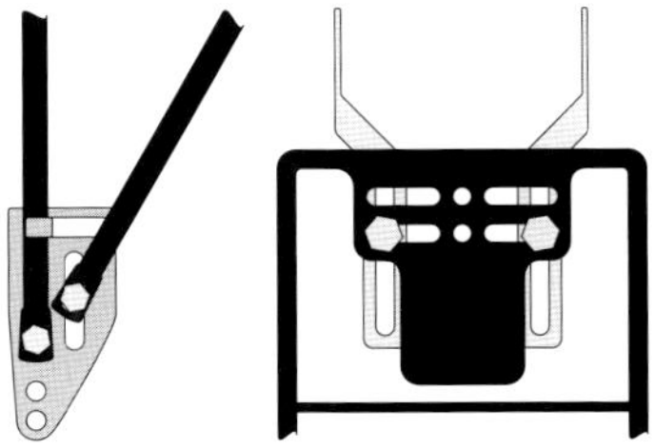

Weil Gepäckträger an unterschiedliche Rahmen passen sollen, verfügen sie meist über verstellbare Befestigungen.

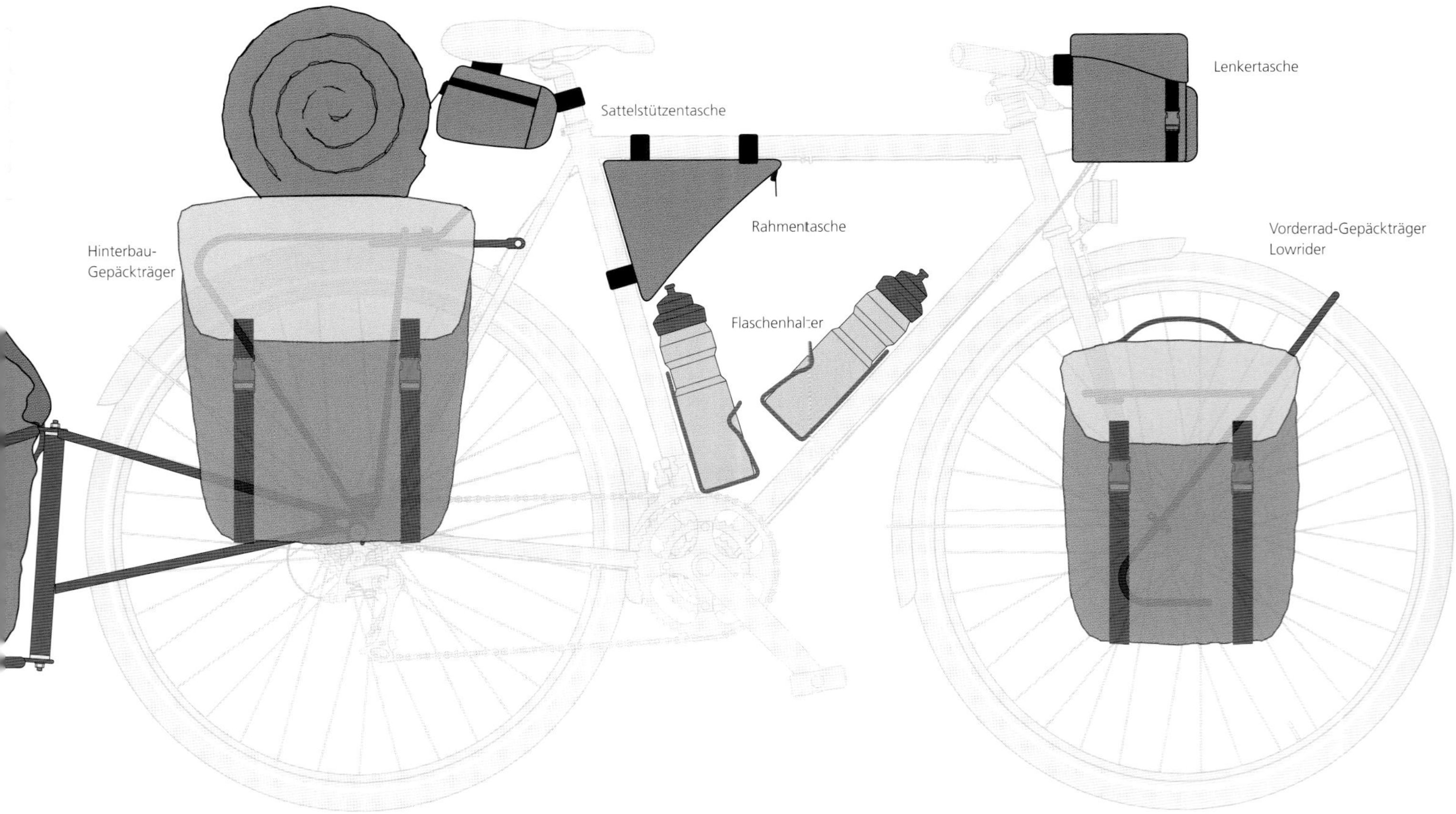

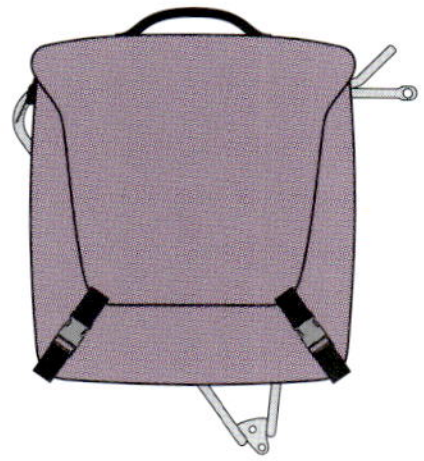

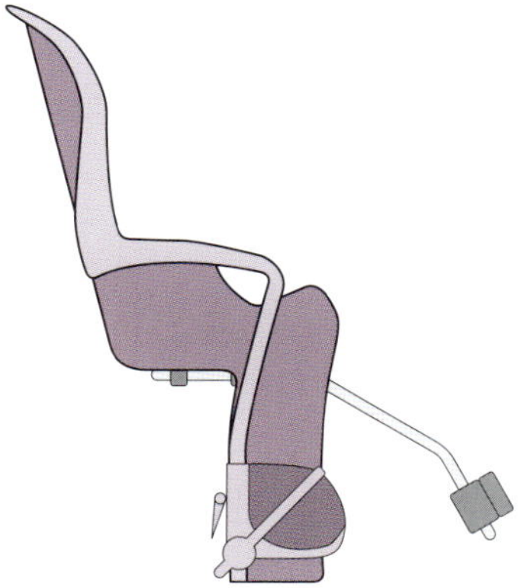

Mit geeigneten und zugelassenen Kindersitzen können Kinder sicher transportiert werden.

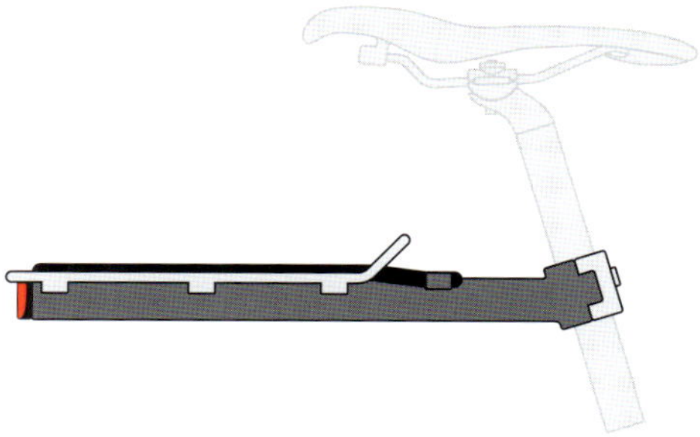

Gepäckträger, die mit einem Schnellspannverschluss an der Sattelstütze befestigt werden, werden an Rennrädern oder Mountainbikes ohne entsprechende Anlötteile verwendet. Sie erlauben eine maximale Zuladung von 7 kg.

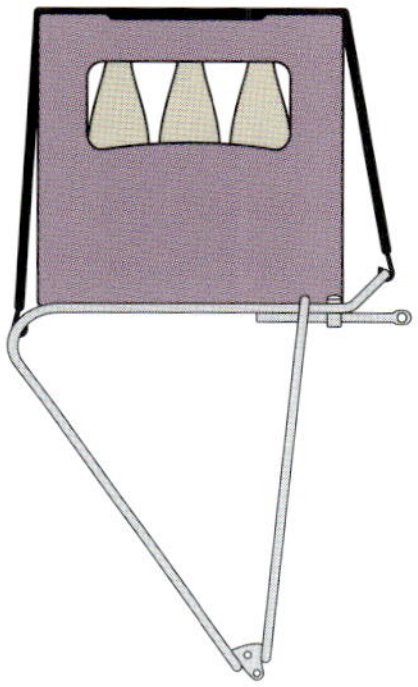

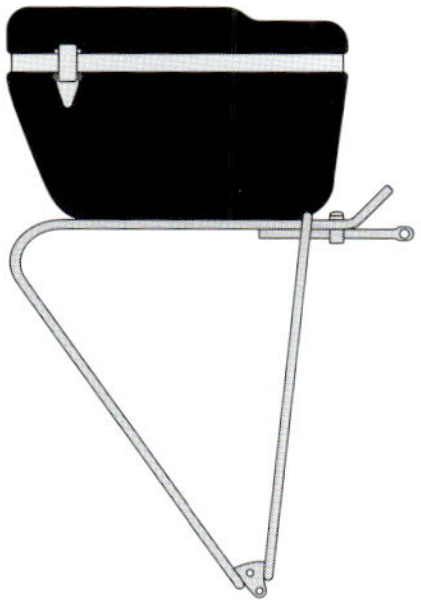

Zur Befestigung der Zuladungen gibt es verschiedene Vorrichtungen wie Federklappen, elastische Spannbänder oder nichtelastische Spannriemen. Satteltaschen haben ein anpassbares Haltesystem und Körbe oder Koffer verfügen oft über ein Adaptersystem, mit dem sie schnell angebracht oder gelöst werden können.

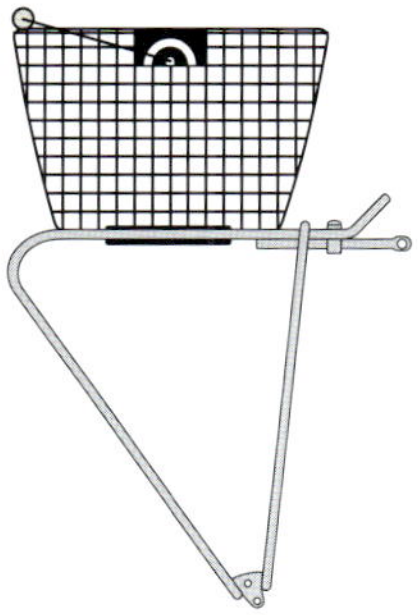

Einspuranhänger sind nicht breiter als das Fahrrad selbst und haben gute Fahreigenschaften.

Schutzbleche

Schutzbleche sollen den Fahrer und das Fahrrad vor hochgeschleudertem Wasser und Schmutz schützen.

Schutzbleche, früher aus Stahl oder Aluminium, bestehen heute meist aus leichtem und flexiblem Kunststoff.

Ausreichenden Schutz vor Spritzwasser und Schmutz bieten nur bis dicht an die Fahrbahn heranreichende Schutzbleche. Das Wasser spritzt tangential von den Reifen weg.

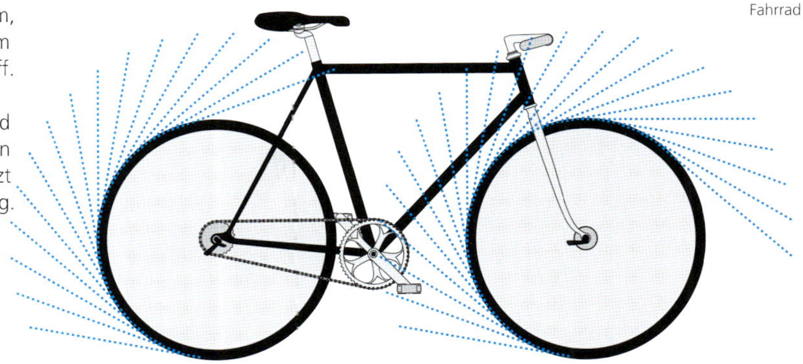

Fahrrad ohne Spritzschutz

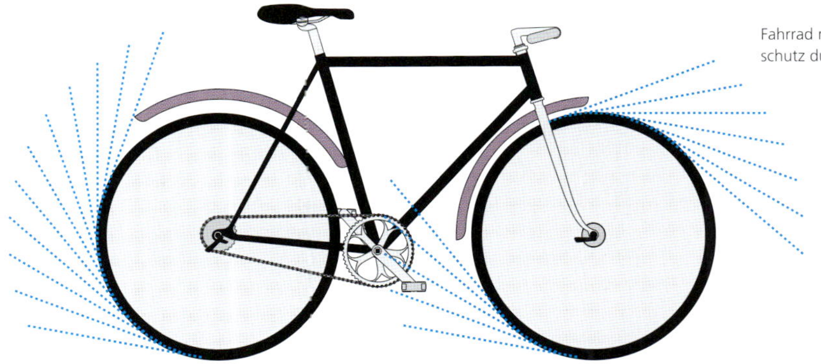

Fahrrad mit geringem Spritzschutz durch Steckbleche

Fahrrad mit ausreichendem Spritzschutz

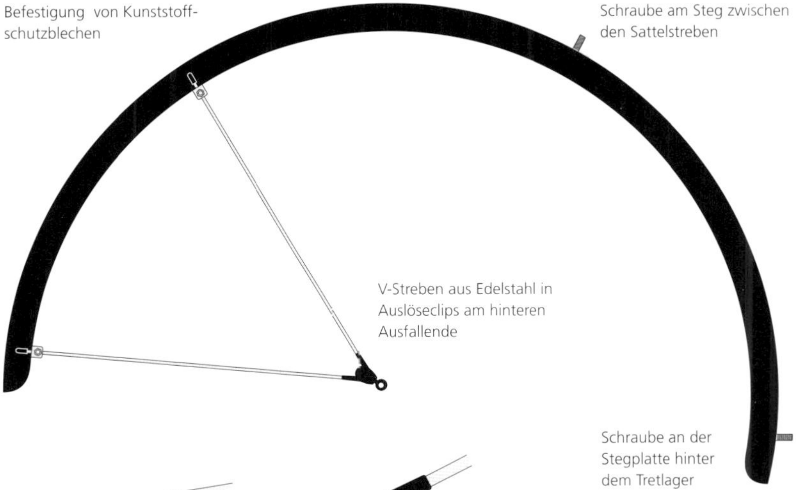

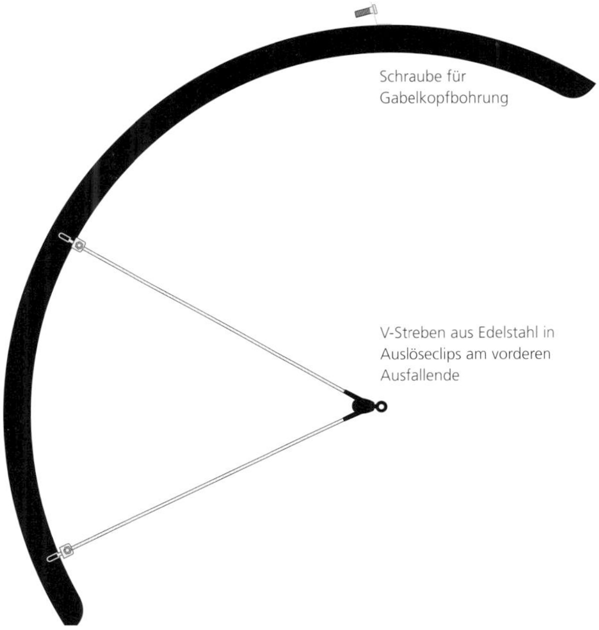

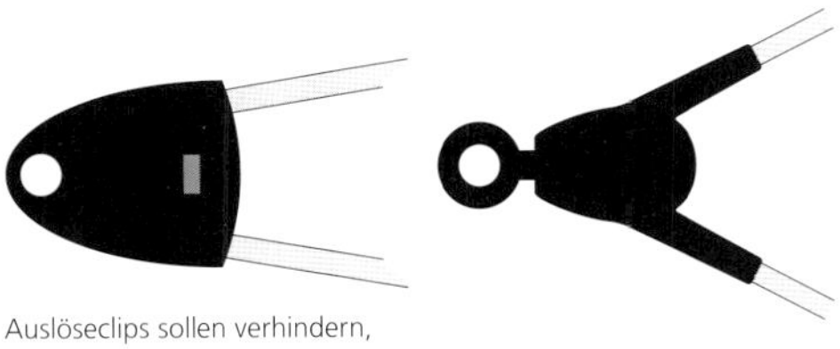

Auslöseclips sollen verhindern, dass sich durch Gegenstände, die sich zwischen Reifen und Schutzblech schieben, das Schutzblech auffaltet und so eventuell das Rad blockiert.

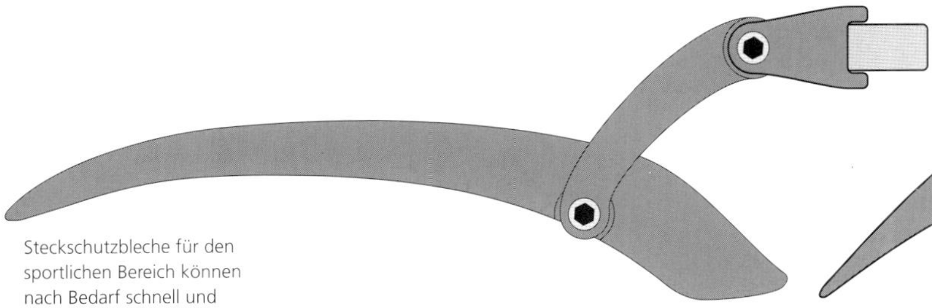

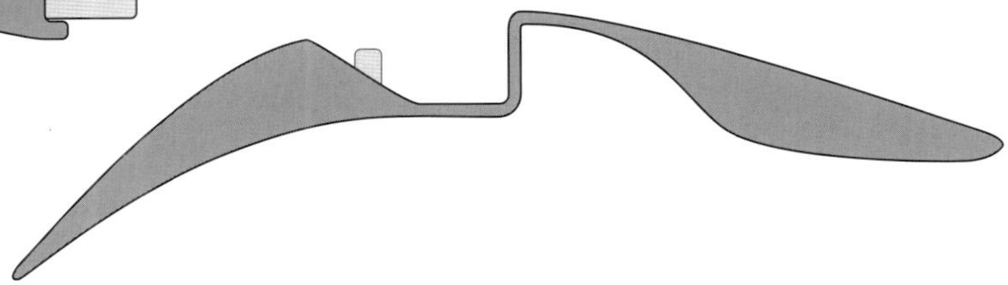

Steckschutzbleche für den sportlichen Bereich können nach Bedarf schnell und ohne Werkzeug am Fahrrad befestigt werden. Sie bieten nicht denselben Schutz wie fest angebrachte, ausreichend große Schutzbleche.

Kettenschützer und Ständer

Kettenschützer sollen die Hose des Fahrers vor Verschmutzung und Zerstörung und, als geschlossener Kettenkasten, darüber hinaus die Kette vor Schmutz und Feuchtigkeit schützen.

Laut StVZO muss ein Fahrrad mit einem fest angebauten Kettenschutz oder einer Kettenschutzscheibe ausgestattet sein. Fahrradstützen oder -ständer sollen ein sicheres Abstellen des Fahrrades ermöglichen, wenn es nirgends angelehnt werden kann.

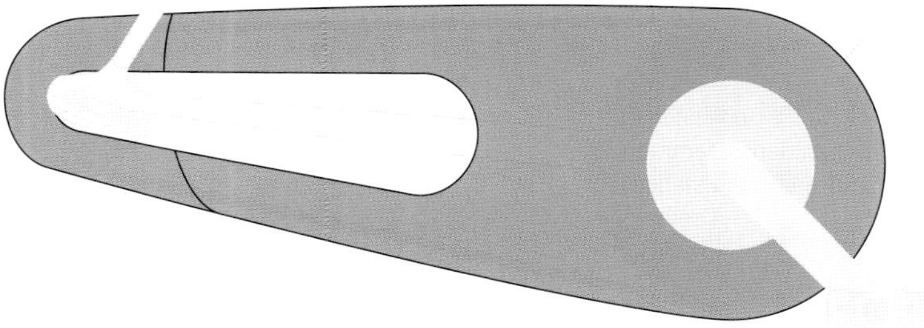

Eine vollständige Umhüllung der Kette bietet der Kettenkasten, der hauptsächlich an Hollandrädern vorkommt. Er wird nur an Rädern ohne Kettenschaltung montiert.

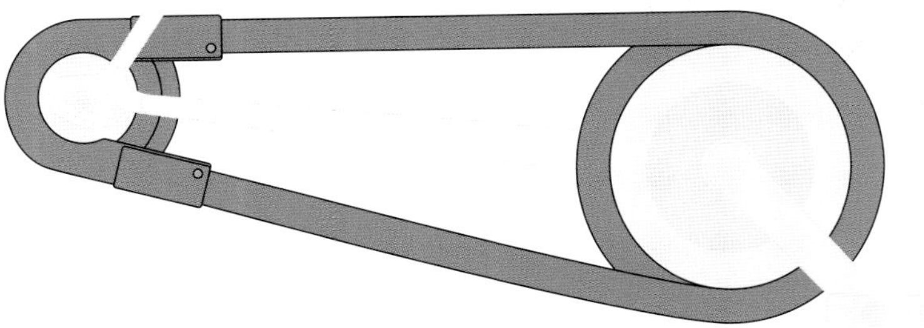

Kettenschutz für Fahrräder mit Nabenschaltung, der nicht am Rahmen befestigt wird, sondern auf der Kette schwimmt.

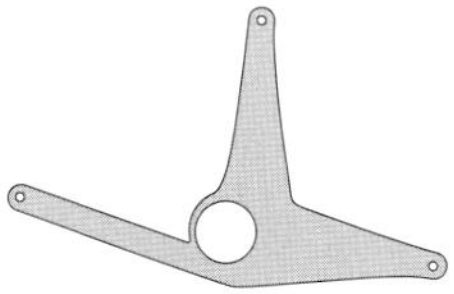

Mit einem Blech, das zwischen Tretlager und Tretlagergehäuse geklemmt wird, können Kettenschützer auch an Fahrrädern angebracht werden, deren Rahmen keine Anlötteile dafür hat.

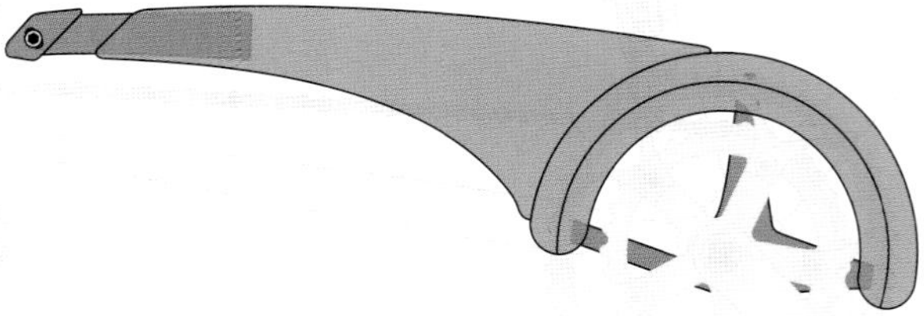

Kettenschützer, die auch über Kettenschaltungen befestigt werden können, müssen breiter sein und mit weiterem Abstand zur Kette montiert werden. Deren Schwenkbewegung soll nicht zur Berührung mit dem Kettenschützer führen. Hier wird nur die Hose des Fahrers vor Verschmutzung geschützt, die Kette nicht.

Kettenschutzscheiben sollen einen um 10 mm größeren Durchmesser haben als das größte Kettenblatt.

Bei Fahrradstützen behalten beide Räder Bodenkontakt, bei Ständern wird das Fahrrad aufgebockt und ein Rad hängt in der Luft. Alle gebräuchlichen Arten, die das freie Abstellen eines Fahrrades ermöglichen, bilden zusammen mit einem oder beiden Laufrädern ein stabiles Dreibein.

Seitenstützen sind an einer Stegplatte hinter dem Tretlager angebracht. Sie werden entweder auf die richtige Länge zugesägt oder sind in der Länge verstellbar. Ein aufsteckbarer Gummifuß vergrößert die Auflagefläche und damit die Standsicherheit.

Hinterbaustützen werden kurz vor dem hinteren Ausfallende zwischen Ketten- und Sattelstreben montiert – entweder mit einer Klemmverbindung oder mit Anlötteilen.

Zweibeinständer sind die stabilste Art, sein Fahrrad abzustellen. Sie bieten auch die Möglichkeit, bestimmte Reparaturen am Fahrrad durchzuführen.

Schlösser

Fahrradschlösser sind das gebräuchlichste, aber nicht das einzige Mittel, um sein Fahrrad zu sichern. Durch umsichtiges Verhalten kann das individuelle Diebstahlrisiko verringert werden.

Es gibt Schlösser zum Abschließen des Fahrrades, mit denen ein Wegtragen aber nicht verhindert werden kann. Mit Schlössern zum Anschließen kann das Fahrrad an festen Gegenständen angeschlossen werden.

Kettenschlösser bestehen aus einer kunststoffummantelten Kette. Sie sind schwer und wirken stabil und sicher.

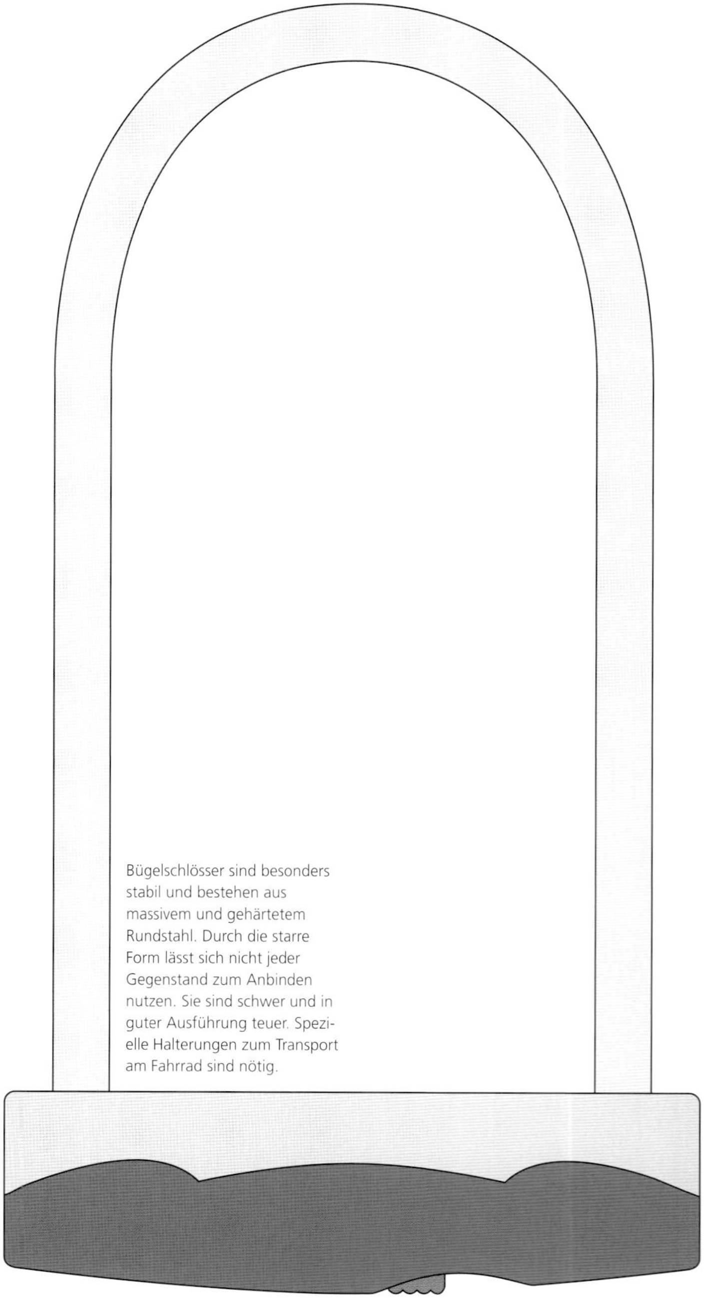

Bügelschlösser sind besonders stabil und bestehen aus massivem und gehärtetem Rundstahl. Durch die starre Form lässt sich nicht jeder Gegenstand zum Anbinden nutzen. Sie sind schwer und in guter Ausführung teuer. Spezielle Halterungen zum Transport am Fahrrad sind nötig.

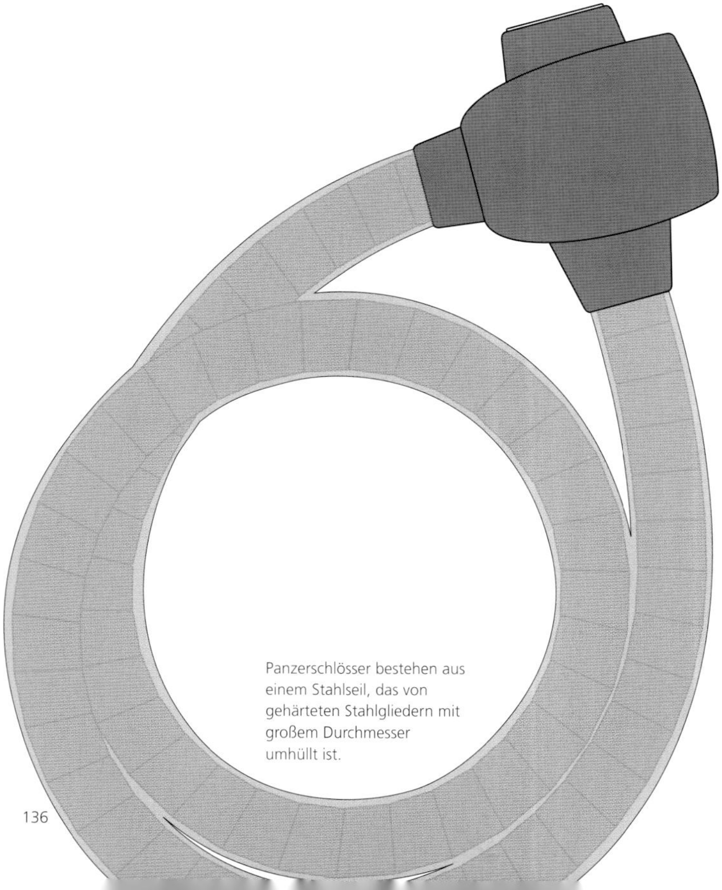

Panzerschlösser bestehen aus einem Stahlseil, das von gehärteten Stahlgliedern mit großem Durchmesser umhüllt ist.

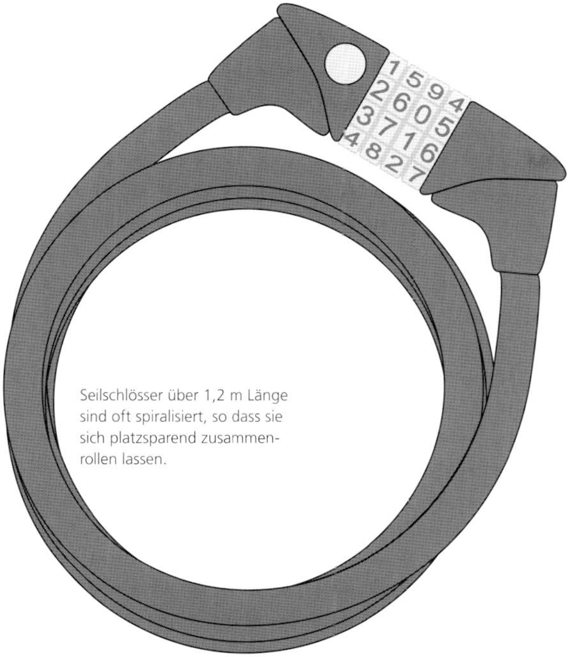

Seilschlösser über 1,2 m Länge sind oft spiralisiert, so dass sie sich platzsparend zusammenrollen lassen.

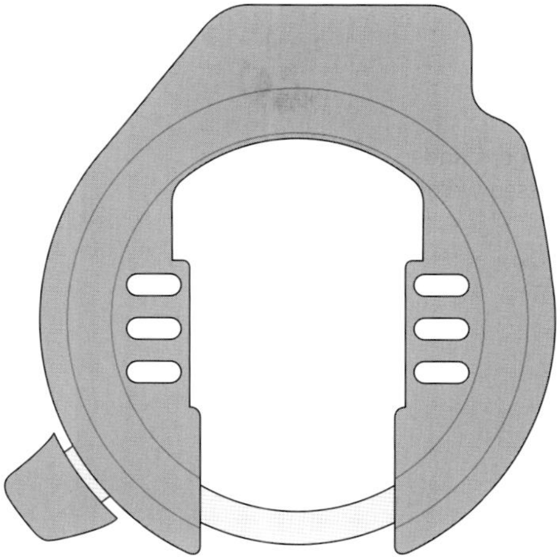

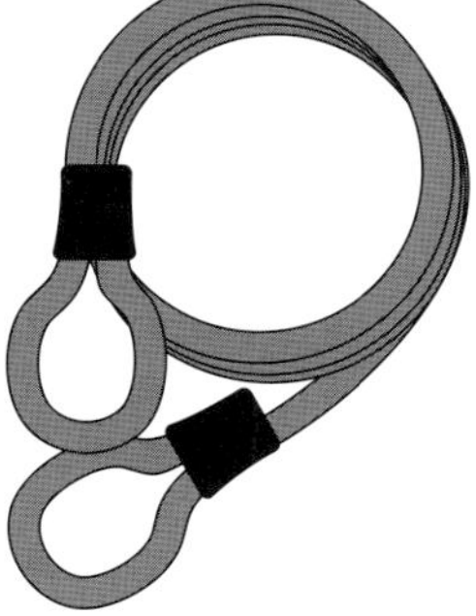

Ringbügelschlösser können bei Verwendung eines zusätzlichen Stahlkabels, das am Schloss befestigt wird, an einem festen Gegenstand angebunden werden.

Schwenkbügelschlösser werden an den Sitzstreben befestigt und sind stabil.

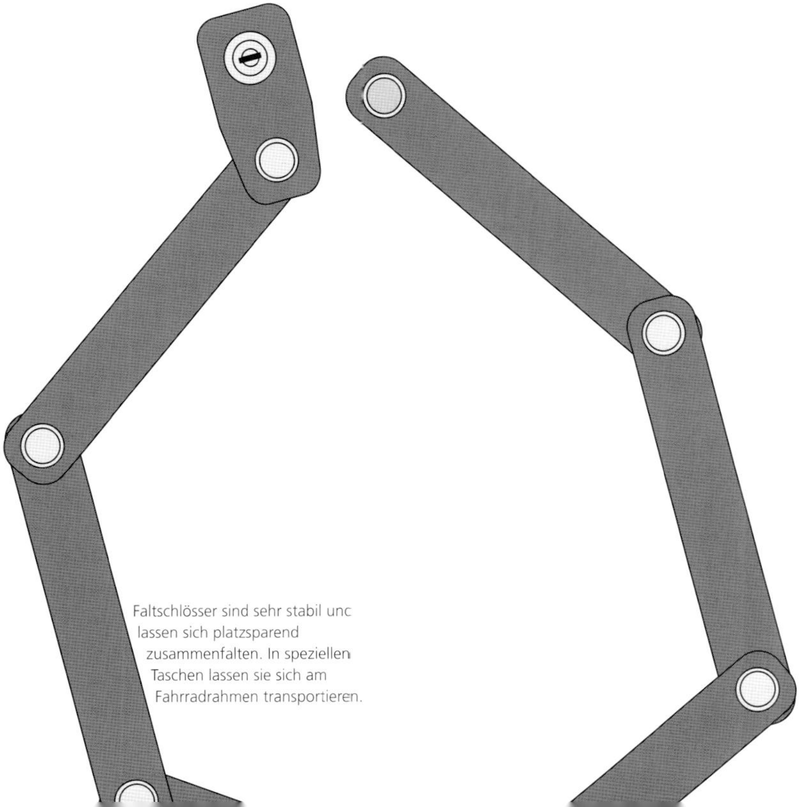

Faltschlösser sind sehr stabil und lassen sich platzsparend zusammenfalten. In speziellen Taschen lassen sie sich am Fahrradrahmen transportieren.

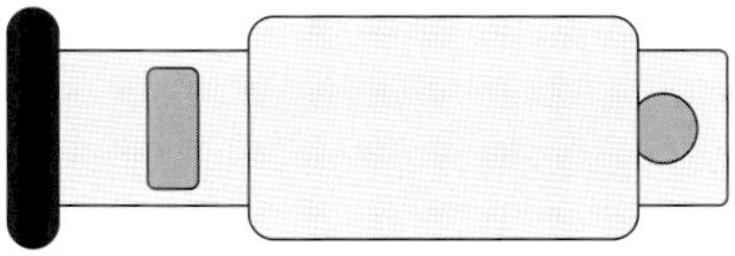

Früher übliche Speichenschlösser sind nicht stabil und sehr leicht aufzubrechen.

Luftpumpen

Bereifung und Federelemente am Fahrrad werden mit Luftpumpen befüllt. Es gibt sie transportabel oder als komfortable Standpumpe.

Es wird zwischen Hand-, Fuß- und Standpumpen unterschieden. Mit Handpumpen erreicht man je nach Kolbendurchmesser bis zu 5 Bar Druck, mit hochwertigen Standpumpen mehr als 12 Bar. Fahrräder werden mit einem viel höheren Reifendruck gefahren als Autos. Er reicht von 1,5 Bar bei Ballonreifen bis zu über 10 Bar bei schmalen Rennradreifen.

Für jede Ventilart gibt es passende Luftpumpen oder Adapter. Auch mit CO_2-Kartuschen kann ein Fahrradreifen befüllt werden.

Für das Einstellen des Luftdrucks an Feder- und Dämpfungselementen werden spezielle Hochdruckluftpumpen verwendet.

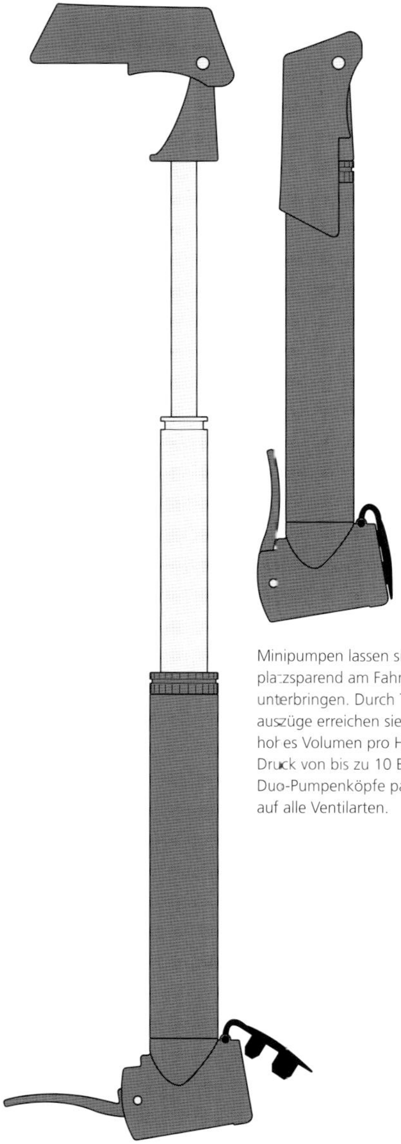

Minipumpen lassen sich platzsparend am Fahrrad unterbringen. Durch Teleskopauszüge erreichen sie ein hohes Volumen pro Hub einen Druck von bis zu 10 Bar. Durch Duo-Pumpenköpfe passen sie auf alle Ventilarten.

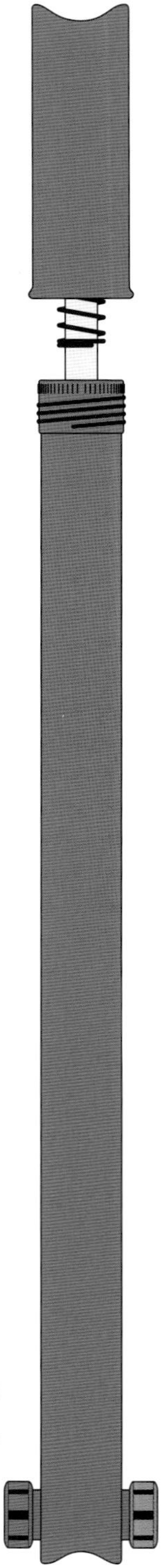

Rahmenpumpen sind die klassischen Fahrradluftpumpen. Sie sind preiswert, komfortabel und erreichen einen Luftdruck von bis zu 8 Bar. Sie lassen sich für alle Ventilarten verwenden.

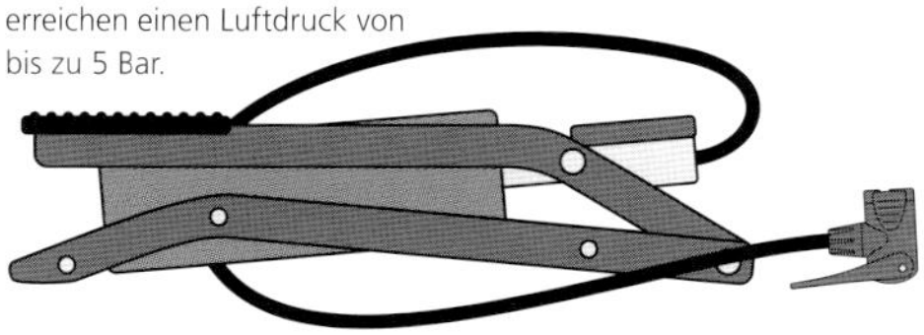

Fußluftpumpen sind keine reinen Fahrradluftpumpen, aber durch spezielle Adapter passen sie auf alle Ventile. Sie erreichen einen Luftdruck von bis zu 5 Bar.

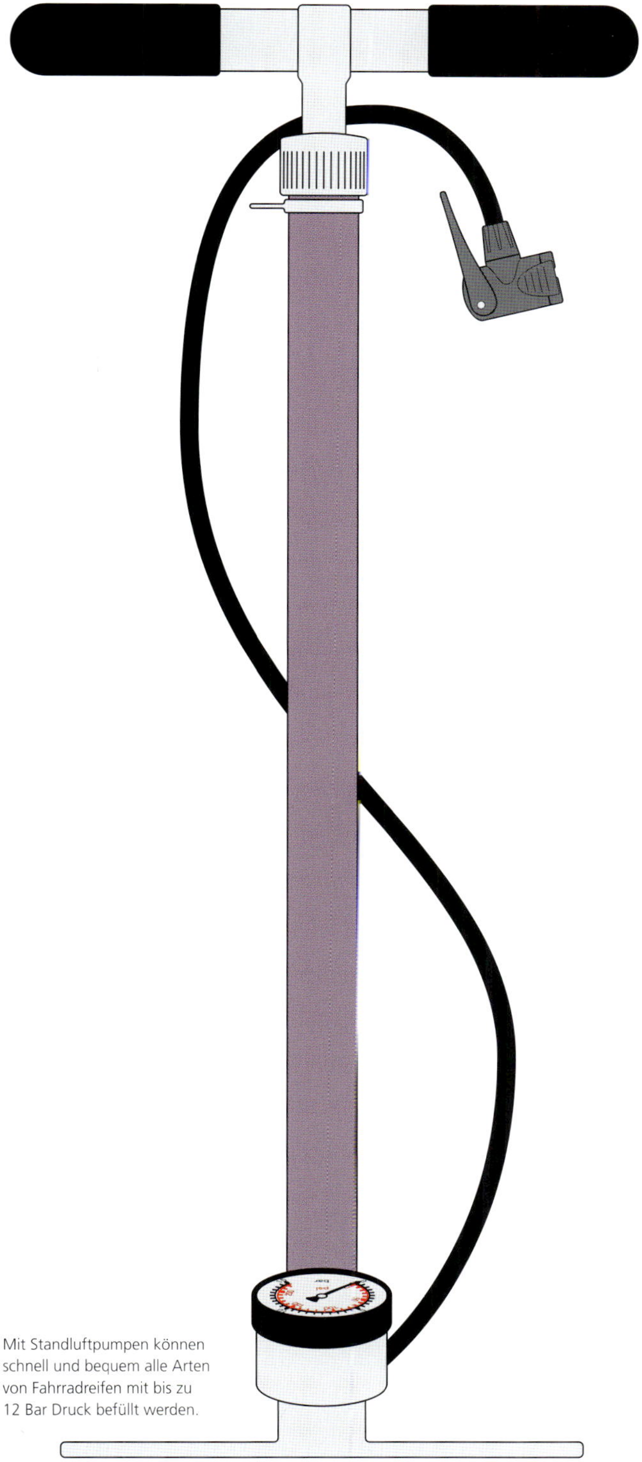

Mit Standluftpumpen können schnell und bequem alle Arten von Fahrradreifen mit bis zu 12 Bar Druck befüllt werden.

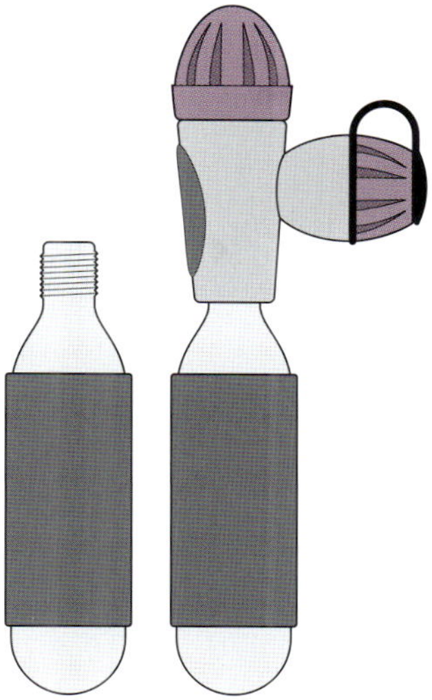

Im Wettkampf oder um Gewicht zu sparen, können Fahrradreifen auch mit CO_2-Kartuschen befüllt werden. Pro Reifenfüllung wird eine Kartusche benötigt, die sich beim Entleeren sehr stark abkühlt. Bis zu 8 Bar Luftdruck sind möglich.

Dämpfer- und Federgabelpumpen sind durch ihre robuste Bauart und den kleinen Zylinderquerschnitt für sehr hohen Luftdruck gebaut. Sie dienen zum Befüllen von luftgefederten Gabeln und Dämpferelementen. Bis zu 21 Bar Luftdruck können erreicht werden.

Radcomputer

Ein Fahrradtachometer oder -computer dient mindestens der Messung von Geschwindigkeit und zurückgelegter Wegstrecke beim Fahrradfahren. Aber alle modernen Geräte können viel mehr.

Mechanische Tachometer, durch eine biegsame Welle angetrieben, waren bis zur Digitalisierung die einzige Möglichkeit, Geschwindigkeit und zurückgelegte Wegstrecke zu messen.

Bei digitalen Tachometern werden die Umdrehungen des Vorderrades, dessen Umfang zuvor einprogrammiert wird, gezählt und in Geschwindigkeit und Strecke umgerechnet. In Verbindung mit einer Uhr ist auch die Berechnung von Durchschnittsgeschwindigkeiten und weiteres möglich.

Mittlerweile sind Messfunktionen für Höhe, Steigung, Trittfrequenz, Kalorienverbrauch, Herzfrequenz und weitere Daten, die sich dann am Computer auswerten lassen, üblich.

GPS-Navigationsgeräte, die die Position über Satellitensignale mit vorinstallierten Fahrradkarten und Sprachansage bestimmen, bieten die gleichen Möglichkeiten, wie sie auch von Navigationssystemen im Auto bekannt sind. Darüber hinaus sind noch viele weitere Informationen abrufbar.

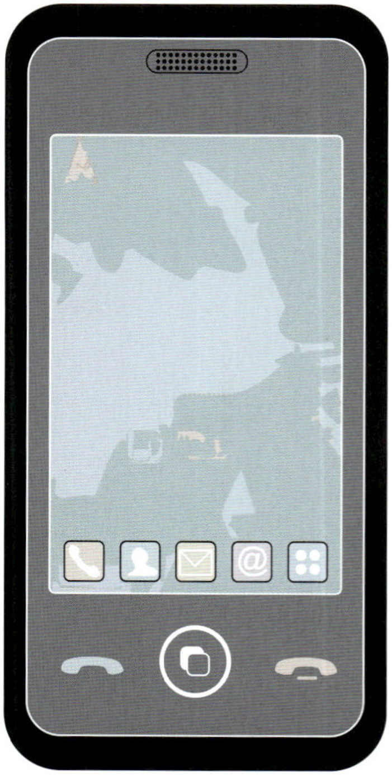

Moderne Telefone, Smartphones, liefern, wenn sie mit entsprechenden Erweiterungen ausgestattet sind, die gleichen Daten wie spezielle Navigationsgeräte.

Fahrradglocken

Laut StVZO §64a müssen Fahrräder mit mindestens einer helltönenden Glocke ausgestattet sein.

Die Anforderungen an eine Fahrradglocke sind in der internationalen Norm DIN/ISO 7636 genauer beschrieben. Eine Lautstärke von wenigstens 75 Dezibel muss auch nach dem 30.000. Klingeln noch erreicht werden. Das entspricht etwa dem Geräuschpegel an einer Hauptverkehrsstraße.

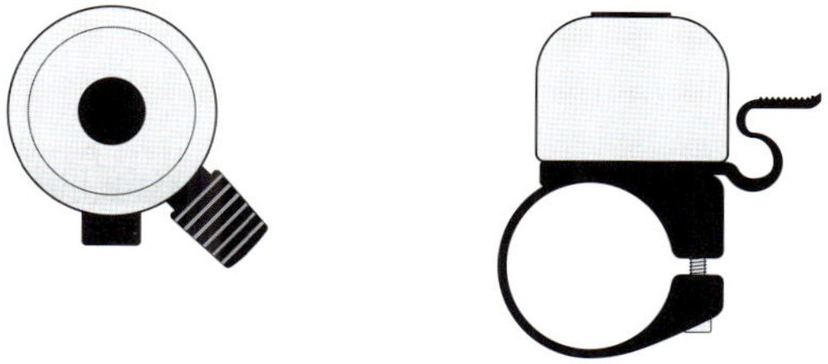

Mini- oder Einschlagglocken haben die traditionellen Glocken mit Trillerwerk abgelöst.

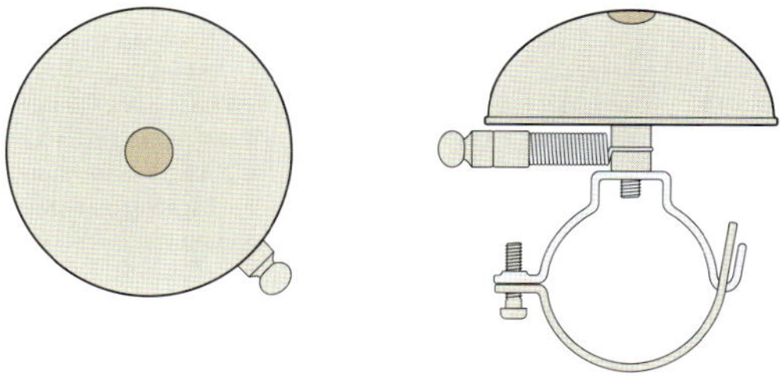

Die traditionellen japanischen Fahrradglocken haben einen Resonanzkörper aus Messing und einen schönen Klang.

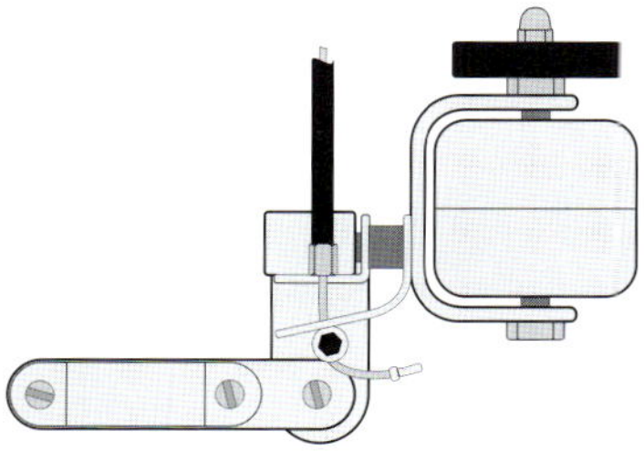

Die früher vielbenutzten Radlauf- oder Sturmglocken sind nach der StVZO nicht mehr erlaubt. Genauso wenig wie Ballhupen.

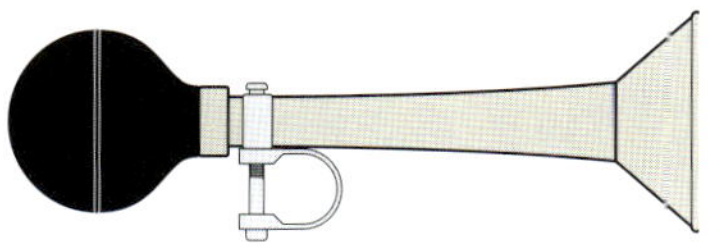

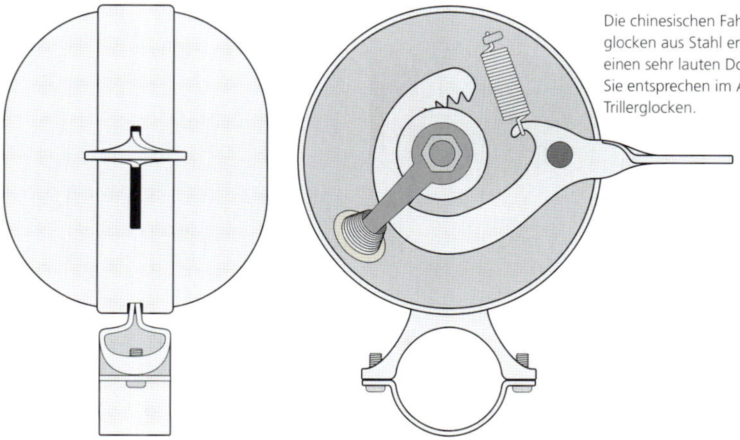

Die chinesischen Fahrradglocken aus Stahl erzeugen einen sehr lauten Doppelklang. Sie entsprechen im Aufbau den Trillerglocken.

Werkzeuge

Für einfache Reparaturen und Einstellarbeiten reichen oft Werkzeuge aus, die im Haushalt vorhanden sind. Für viele Arbeiten sind jedoch Spezialwerkzeuge erforderlich, oft auch produktspezifische.

Mit Drehmomentschlüsseln kann verhindert werden, dass Schrauben oder Muttern mit falscher Kraft angezogen werden. Für die meisten Schraubverbindungen am Fahrrad ist ein bestimmtes Drehmoment vorgeschrieben.

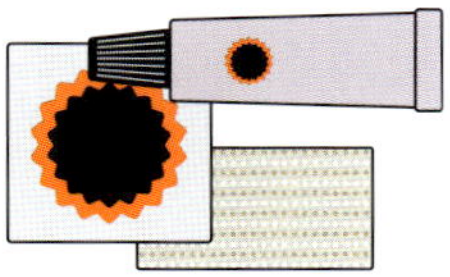

Mit Flickzeug können Löcher in Schläuchen geflickt werden.

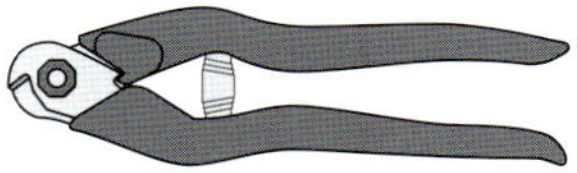

Mit Kabelschneidern können Bowdenzüge abgeschnitten werden, ohne die Außenhülle zu quetschen.

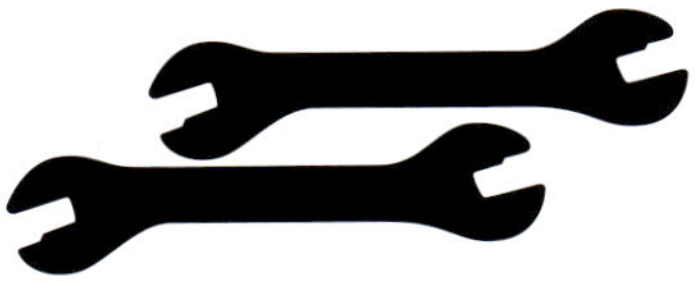

Konusschlüssel sind schmale Gabelschlüssel, mit denen man das Spiel von Konuslagern an Tret-, Rad- und Steuerlagern einstellen kann.

Mit Kettenlehren kann der Verschleiß, d. h. die Längung von Fahrradketten gemessen werden.

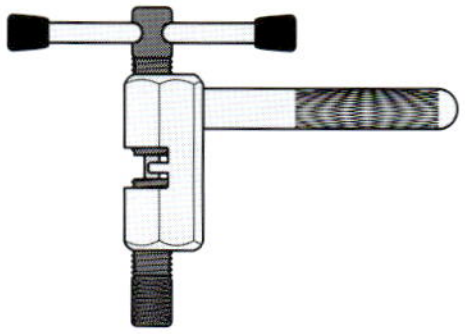

Mit Kettennietdrückern wird zum Öffnen der Fahrradkette ein Niet herausgedrückt und zum Wiederverschließen ein Reparaturniet hineingeschoben.

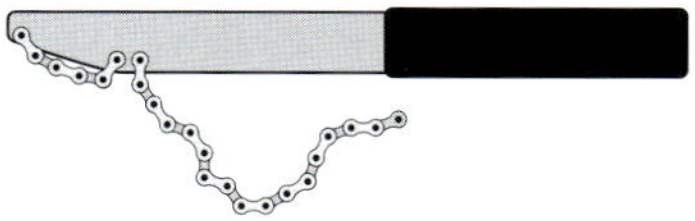

Kettenpeitschen werden für das Abziehen des Ritzelpaketes gebraucht. Sie verhindern, dass sich beim Lösen des Verschlussstücks die Ritzel mitdrehen.

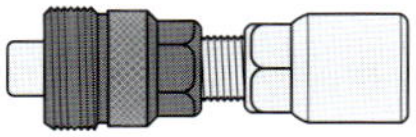

Kurbelabzieher dienen dazu, auf Tretlagerwellen festsitzende Kurbeln abzunehmen.

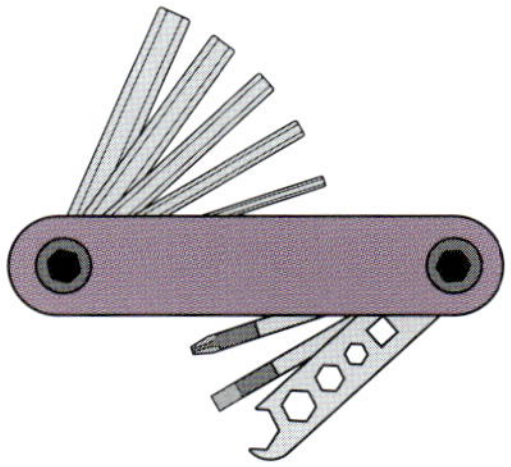

Multifunktionswerkzeuge, praktisch auf Touren, enthalten wie ein Taschenmesser unterschiedliche Werkzeuge. Auch fahrradspezifische wie Reifenheber und Kettennieter.

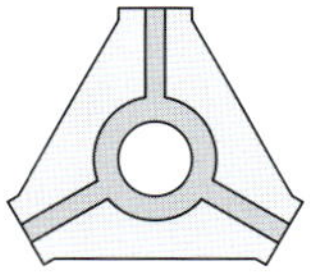

Mit Nippelspannern werden die Speichennippel gedreht, um die Spannung der Speichen zu verändern.

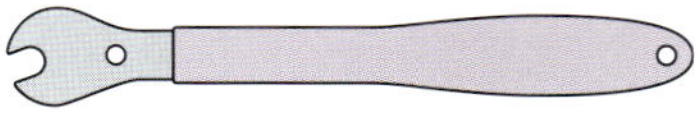

Pedalschlüssel sind schmaler und haben einen längeren Griff als normale Maulschlüssel. Sie sind besonders für die Montage und Demontage von Pedalen, die oft sehr fest sitzen, geeignet.

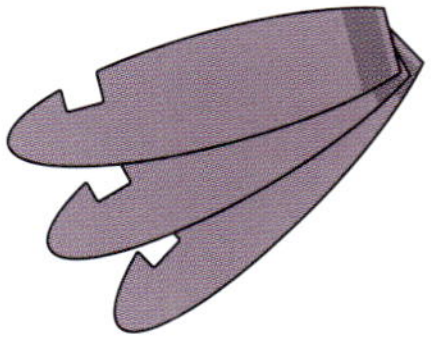

Reifenheber sind kleine Hebel, die in die Speichen eingehängt werden können. Mit ihrer Hilfe wird der Reifenmantel von der Felge gehoben.

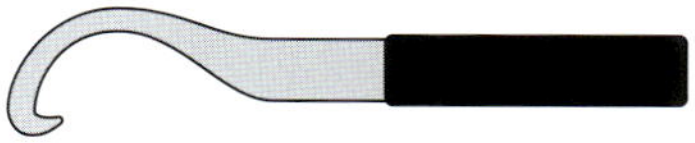

Tretlagerschlüssel werden zur Montage von Tretlagern benötigt. Wegen der verschiedenen Arten von Tretlagern gibt es viele unterschiedliche Arten von Schlüsseln, die auch von Hersteller zu Hersteller differieren.

Zahnkranzabzieher werden zum Lösen von Ritzeln oder Ritzelpaketen von der Nabe benötigt. Wie beim Tretlager gibt es auch hier verschiedene Arten.

Pflege

Wie jeder Gebrauchsgegenstand benötigt das Fahrrad ein gewisses Maß an Pflege, um seine Funktion zu gewährleisten. Der Aufwand dafür ist aber gering.

Die Grundreinigung sollte mit Wasser, Schwamm und einer weichen Bürste erfolgen. Dampfstrahler oder Hochdruckreiniger sollten nicht verwendet werden. Der Strahl, der auch Lösungsmittel enthalten kann, dringt selbst in gut gedichtete Lager ein und kann dort die Fettfüllung zerstören. Zum Ölen eignet sich neben vielen Spezialprodukten manchmal auch einfaches Nähmaschinenöl.

Zuerst Rahmen und Gabel von oben nach unten mit Wasser und Geschirrspülmittel abwaschen. Hartnäckige Verschmutzungen einweichen lassen. Dann trockenreiben und vollständig abtrocknen lassen. Zum Schluss Rahmen und Gabel vollständig mit Pflegeöl einsprühen und nach 3 Minuten Einwirkzeit abreiben.

Die Laufräder genauso von innen nach außen abwaschen. Von den Naben über die Speichen zu den Felgen. Kein Öl oder Wachs auf die Felgenflanken oder Bremsscheiben bringen.

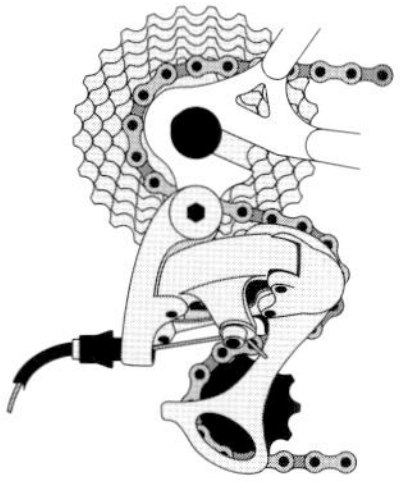

Den Antrieb, bestehend aus Zahnkranz und Kettenblättern, Schaltwerk und Umwerfer mit einem biologisch abbaubaren Entfetter besprühen und nach 3 Minuten Einwirkzeit den gröbsten Schmutz mit einer Bürste entfernen. Mit Spülwasser und Pinsel oder Spezialbürsten alles abwaschen. Dann an Umwerfer und Schaltwerk die Gelenke ölen

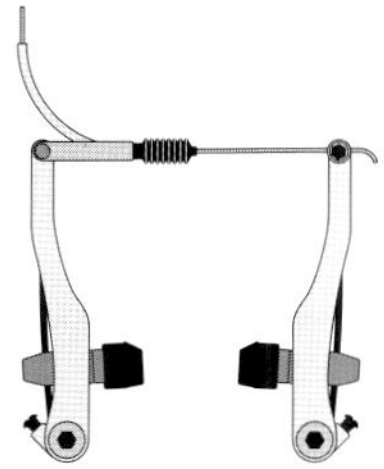

Bremsbeläge und Felgenflanken eventuell leicht anschmirgeln und Steinchen und andere Fremdkörper entfernen. Die Gelenke an den Bremsarmen und Bowdenzüge leicht ölen.

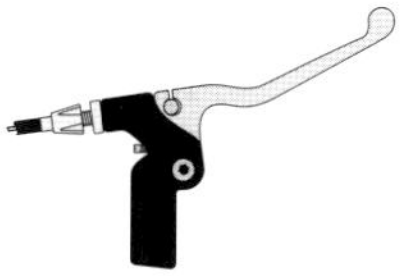

Die Bremshebel säubern und die beweglichen Teile ölen. Auch etwas Öl in die Bremszüge geben.

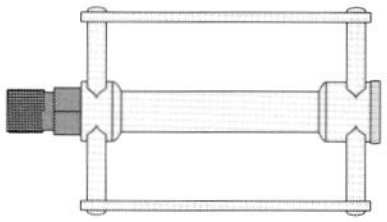

Die Pedale mit Metallkäfigen säubern und mit Sprühöl einsprühen. Vor allem die Lagerung an der Achse.

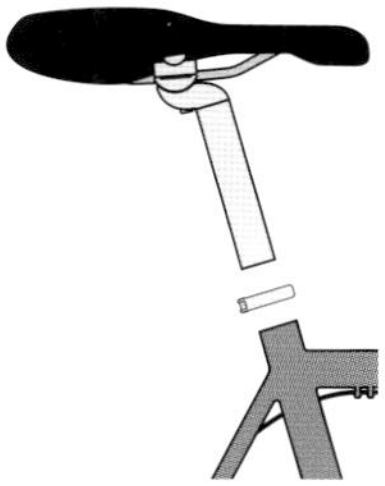

An Sattelrohren und -stützen kann eindringende Feuchtigkeit Schaden anrichten. Die Sattelstütze aus dem Sitzrohr entfernen und gründlich säubern. Das Sitzrohr innen trockenreiben und eventuell eingedrungene Feuchtigkeit abtrocknen lassen. Dann mit Sprühöl einsprühen. Die Sattelstütze vor dem Einsetzen etwas einfetten. Die Feststellschraube oder den Schnellspanner ebenfalls reinigen und fetten.

Kunststoffsättel benötigen keine extra Pflege, sollten aber nicht zu langer Sonnenbestrahlung ausgesetzt werden.

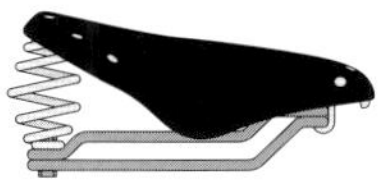

Ledersättel sind sehr pflegeintensiv. Sie müssen regelmäßig geölt werden und sollten der Witterung nicht ausgesetzt sein. Ein Überzug beim Abstellen ist sinnvoll.

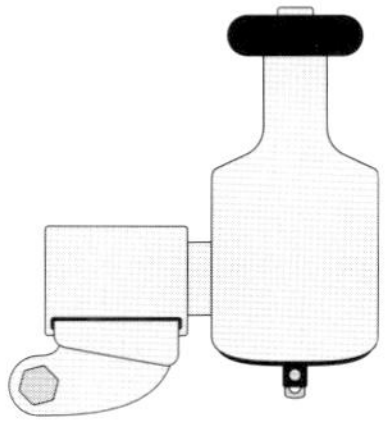

An Beleuchtung und Dynamo die Kontakte regelmäßig auf eine feste Verbindung untersuchen und mit einem Kriechöl besprühen.

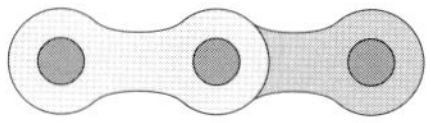

Die Kette erfordert den größten Pflegeaufwand. Er hängt von den äußeren Bedingungen und der Schaltungsart ab. Eine Kettenschaltung am Geländefahrrad erfordert sehr viel mehr Pflege als eine Nabenschaltungskette, die in einem geschlossenen Kettenkasten läuft. Lebensdauer und Pflegeintervalle unterscheiden sich stark. Eine im Gelände gefahrene Kette kann nach 1.000 km schon verschlissen sein, während eine geschützte Nabenschaltungskette fünfmal so lange halten kann.

Kettenreinigungsgeräte oder Hochdruckreiniger sollten nicht verwendet werden. Sie können das Kettenöl aus der Kette waschen, die so ihren Schmierfilm verliert.

Den groben Schmutz mit Wasser und Bürste abwaschen. Dann die Kette mit ölgetränkten Lappen so lange abreiben, bis kein Schmutz mehr am Tuch hängenbleibt.

Das gewählte und geeignete Öl oder Fett sparsam und gleichmäßig auf die Kette aufbringen und die Kurbel mehrmals drehen. Kettenschaltungen dabei durchschalten.

Um nicht unnötig Schmutz anzuziehen, das überschüssige Öl mit einem sauberen Tuch abwischen. Ein spezielles Kettenwachs kann zusätzlich schützen.

Dank an:
Jochen Donner
Albert Herresthal
Katharina Herresthal
Dietmar Hertel
Annette Homann
Jan Homann
Eva Homann
Hans-Erhard Lessing
Hans-Heinrich Pardey
Herbert Wenzel